国家出版基金项目
NATIONAL PUBLICATION FOUNDATION

中国中药资源大典
——中药材系列

中药材生产加工适宜技术丛书

中药材产业扶贫计划

麦冬生产加工适宜技术

总 主 编　黄璐琦

主　　编　陈铁柱　张　美

副 主 编　舒光明　才晓玲

U0206317

中国医药科技出版社

内容提要

《中药材生产加工适宜技术丛书》以全国第四次中药资源普查工作为抓手，系统整理了找国中药材栽培加工的传统及特色技术，旨在科学指导、普及中药材种植及产地加工，规范中药材种植产业。本书是一本关于麦冬种植及产地初加工的技术手册，包括：概述、麦冬药用资源、麦冬的栽培技术、麦冬的特色适宜技术、麦冬药材质量、麦冬现代研究与应用等内容。本书内容丰富资料详实，对麦冬的种植及产地初加工具有较高的参考价值。适合中药种植户及中药材生产加工企业参考使用。

图书在版编目（CIP）数据

麦冬生产加工适宜技术 / 陈铁柱，张美主编 .—北京：中国医药科技出版社，2018.3

（中国中药资源大典 . 中药材系列 . 中药材生产加工适宜技术丛书）

ISBN 978-7-5067-9897-6

Ⅰ . ①麦⋯　Ⅱ . ①陈⋯ ②张⋯　Ⅲ . ①麦冬—栽培技术 ②麦冬—中草药加工　Ⅳ . ① S567.23

中国版本图书馆 CIP 数据核字（2018）第 013704 号

美术编辑　陈君杞

版式设计　锋尚设计

出版　中国医药科技出版社

地址　北京市海淀区文慧园北路甲 22 号

邮编　100082

电话　发行：010-62227427　邮购：010-62236938

网址　www.cmstp.com

规格　710×1000mm　$^1/_{16}$

印张　$8^3/_4$

字数　75 千字

版次　2018 年 3 月第 1 版

印次　2018 年 3 月第 1 次印刷

印刷　北京盛通印刷股份有限公司

经销　全国各地新华书店

书号　ISBN 978-7-5067-9897-6

定价　25.00 元

中药材生产加工适宜技术丛书
—— 编委会 ——

总 主 编 黄璐琦

副 主 编 （按姓氏笔画排序）

王晓琴	王惠珍	韦荣昌	韦树根	左应梅	叩根来
白吉庆	吕惠珍	朱田田	乔永刚	刘根喜	闫敬来
江维克	李石清	李青苗	李旻辉	李晓琳	杨 野
杨天梅	杨太新	杨绍兵	杨美权	杨维泽	肖承鸿
吴 萍	张 美	张 强	张水寒	张亚玉	张金渝
张春红	张春椿	陈乃富	陈铁柱	陈清平	陈随清
范世明	范慧艳	周 涛	郑玉光	赵云生	赵军宁
胡 平	胡本详	俞 冰	袁 强	晋 玲	贾守宁
夏燕莉	郭兰萍	郭俊霞	葛淑俊	温春秀	谢晓亮
蔡子平	滕训辉	瞿显友			

编　　委 （按姓氏笔画排序）

王利丽	付金娥	刘大会	刘灵娣	刘峰华	刘爱朋
许 亮	严 辉	苏秀红	杜 弢	李 锋	李万明
李军茹	李效贤	李隆云	杨 光	杨晶凡	汪 娟
张 娜	张 婷	张小波	张水利	张顺捷	林树坤
周先建	赵 峰	胡忠庆	钟 灿	黄雪彦	彭 励
韩邦兴	程 蒙	谢 景	谢小龙	雷振宏	

学术秘书 程 蒙

—— 本书编委会 ——

主　　编　陈铁柱　张　美

副 主 编　舒光明　才晓玲

编写人员　（按姓氏笔画排序）

才晓玲（滇西科技师范学院）

王　欢（绵阳市三台县花园镇麦冬产业协会）

王体才（绵阳市三台县花园镇麦冬产业协会）

王晓宇（四川省中医药科学院）

方清茂（四川省中医药科学院）

李青苗（四川省中医药科学院）

杨玉霞（四川省中医药科学院）

张　美（四川省中医药科学院）

陈铁柱（四川省中医药科学院）

林　娟（四川省中医药科学院）

周先建（四川省中医药科学院）

赵军宁（四川省中医药科学院）

胡　平（四川省中医药科学院）

夏燕莉（四川省中医药科学院）

郭玉福（绵阳市三台县花园镇麦冬产业协会）

郭俊霞（四川省中医药科学院）

舒光明（四川省中医药科学院）

序

我国是最早开始药用植物人工栽培的国家，中药材使用栽培历史悠久。目前，中药材生产技术较为成熟的品种有200余种。我国劳动人民在长期实践中积累了丰富的中药种植管理经验，形成了一系列实用、有特色的栽培加工方法。这些源于民间、简单实用的中药材生产加工适宜技术，被药农广泛接受。这些技术多为实践中的有效经验，经过长期实践，兼具经济性和可操作性，也带有鲜明的地方特色，是中药资源发展的宝贵财富和有力支撑。

基层中药材生产加工适宜技术也存在技术水平、操作规范、生产效果参差不齐问题，研究基础也较薄弱；受限于信息渠道相对闭塞，技术交流和推广不广泛，效率和效益也不很高。这些问题导致许多中药材生产加工技术只在较小范围内使用，不利于价值发挥，也不利于技术提升。因此，中药材生产加工适宜技术的收集、汇总工作显得更加重要，并且需要搭建沟通、传播平台，引入科研力量，结合现代科学技术手段，开展适宜技术研究论证与开发升级，在此基础上进行推广，使其优势技术得到充分的发挥与应用。

《中药材生产加工适宜技术》系列丛书正是在这样的背景下组织编撰的。该书以我院中药资源中心专家为主体，他们以中药资源动态监测信息和技术服

务体系的工作为基础，编写整理了百余种常用大宗中药材的生产加工适宜技术。全书从中药材的种植、采收、加工等方面进行介绍，指导中药材生产，旨在促进中药资源的可持续发展，提高中药资源利用效率，保护生物多样性和生态环境，推进生态文明建设。

丛书的出版有利于促进中药种植技术的推广，以改善中药材的生产方式，促进中药资源产业发展，促进中药材规范化种植，提升中药材质量具有指导意义。本书适合中药栽培专业学生及基层药农阅读，也希望编写组广泛听取吸纳药农宝贵经验，不断丰富技术内容。

书将付梓，先睹为悦，谨以上言，以斯充序。

中国中医科学院 院长

中 国 工 程 院 院 士

丁酉秋于东直门

总 前 言

中药材是中医药事业传承和发展的物质基础，是关系国计民生的战略性资源。中药材保护和发展得到了党中央、国务院的高度重视，一系列促进中药材发展的法律规划的颁布，如《中华人民共和国中医药法》的颁布，为野生资源保护和中药材规范化种植养殖提供了法律依据；《中医药发展战略规划纲要（2016—2030年）》提出推进"中药材规范化种植养殖"战略布局；《中药材保护和发展规划（2015—2020年）》对我国中药材资源保护和中药材产业发展进行了全面部署。

中药材生产和加工是中药产业发展的"第一关"，对保证中药供给和质量安全起着最为关键的作用。影响中药材质量的问题也最为复杂，存在种源、环境因子、种植技术、加工工艺等多个环节影响，是我国中医药管理的重点和难点。多数中药材规模化种植历史不超过30年，所积累的生产经验和研究资料严重不足。中药材科学种植还需要大量的研究和长期的实践。

中药材质量上存在特殊性，不能单纯考虑产量问题，不能简单复制农业经验。中药材生产必须强调道地药材，需要优良的品种遗传，特定的生态环境条件和适宜的栽培加工技术。为了推动中药材生产现代化，我与我的团队承担了

农业部现代农业产业技术体系"中药材产业技术体系"建设任务。结合国家中医药管理局建立的全国中药资源动态监测体系，致力于收集、整理中药材生产加工适宜技术。这些适宜技术限于信息沟通渠道闭塞，并未能得到很好的推广和应用。

本丛书在第四次全国中药资源普查试点工作的基础上，历时三年，从药用资源分布、栽培技术、特色适宜技术、药材质量、现代应用与研究五个方面系统收集、整理了近百个品种全国范围内二十年来的生产加工适宜技术。这些适宜技术多源于基层，简单实用、被老百姓广泛接受，且经过长期实践、能够充分利用土地或其他资源。一些适宜技术尤其适用于经济欠发达的偏远地区和生态脆弱区的中药材栽培，这些地方农民收入来源较少，适宜技术推广有助于该地区实现精准扶贫。一些适宜技术提供了中药材生产的机械化解决方案，或者解决珍稀濒危资源繁育问题，为中药资源绿色可持续发展提供技术支持。

本套丛书以品种分册，参与编写的作者均为第四次全国中药资源普查中各省中药原料质量监测和技术服务中心的主任或一线专家、具有丰富种植经验的中药农业专家。在编写过程中，专家们查阅大量文献资料结合普查及自身经验，几经会议讨论，数易其稿。书稿完成后，我们又组织药用植物专家、农学家对书中所涉及植物分类检索表、农业病虫害及用药等内容进行审核确定，最终形成《中药材生产加工适宜技术》系列丛书。

在此，感谢各承担单位和审稿专家严谨、认真的工作，使得本套丛书最终付梓。希望本套丛书的出版，能对正在进行中药农业生产的地区及从业人员，有一些切实的参考价值；对规范和建立统一的中药材种植、采收、加工及检验的质量标准有一点实际的推动。

2017年11月24日

3

前　言

麦冬为多年生草本，以块根入药，是我国重要的中药材。

麦冬用药历史源远流长，疗效显著。具有养阴生津、润肺清心功效，常用于肺燥干咳、阴虚痨嗽、喉痹咽痛、津伤口渴、内热消渴、心烦失眠、肠燥便秘等症。临床上，有530多种中药处方含有麦冬，有970多个中药方剂含有麦冬，有90多个复方制剂含有麦冬。在国产保健食品中，有194个以上的保健食品中含有麦冬原料，且市场前景极好。

麦冬［*Ophiopogon japonicus*（L.f.）Ker-Gawl.］原植物在我国分布较广，产于四川、浙江、云南、河北、河南、山东、陕西、江苏、江西、安徽、福建、湖北、湖南、广东、广西等省区，其中以四川和浙江最为道地。

产于四川的麦冬，常称为川麦冬，是四川省著名的道地药材。栽培历史悠久，1814年（清嘉庆十九年），涪城麦冬已在花园河（今花园镇）、白衣淹（今光明乡）、老马乡等地广为种植。目前，川麦冬主要栽培在三台县永明镇、花园镇、芦溪镇、刘营镇、灵兴镇、新德镇、老马乡、里程乡、争胜乡9个乡镇及周边地区。川麦冬量大质优，栽培面积近5万亩，产量占全国总产量的80%以上，出口量占全国总出口量的80%以上。同时，川麦冬作为四川省"十三五"重点布局的唯一中药大品种之一，目前药材原料产值已有10亿元以

上。四川省政府正致力于川麦冬全产业链产品的开发研究，预计未来年产值将达到100亿元以上。

主产于浙江的麦冬，常称为浙麦冬，是著名的"浙八味"之一，自唐宋时期就有栽培。《本草纲目》曰："古人惟用野生者，后世所用多是种莳而成……浙中来者甚良，其叶似韭而多纵纹且坚韧而异。"但浙麦冬在进入21世纪后，随着我国沿海地区经济的飞速发展，栽培面积逐渐减少，目前仅慈溪、余杭一带尚有部分种植。

由于四川、浙江产区自然环境条件和耕作习惯不同，种植周期不同，在长期的种植过程中，四川、浙江产区形成一套各自的栽培技术，因此本书分别介绍川麦冬、浙麦冬两个产区的栽培技术和特色适宜技术。

此书是作者结合实际工作中的经验和成果、查阅大量文献、综合前人的研究成果基础上编著而成，从麦冬概述、药用资源、栽培技术、特色适宜技术、药材质量、现代研究与应用等方面加以总结，以期为我国麦冬产业发展尽绵薄之力。

由于编著者业务水平有限，而麦冬相关领域的研究还在不断深入，书中不妥及错误之处在所难免，恳请读者批评指正。

编者

2017年10月

目　录

第1章

概　述

麦冬，别名麦门冬、寸冬、芫叶麦冬、细叶麦冬、沿阶草、羊韭、马韭、不死草、韭叶麦冬、家边草等，为百合科植物沿阶草属麦冬的块根。麦冬为常用中药，具有润肺生津、养阴清热的功能。主治热病伤津、心烦口渴等症。麦冬始载于《神农本草经》，历代本草均有记载。

历版《中国药典》收载的麦冬均为百合科植物麦冬 *Ophiopogon japonicus* （L.f.）Ker-Gawl. 的干燥块根。而本草考证表明，古代使用的麦冬来源并不只是一种，而是沿阶草属的几种植物，且有栽培与野生之分。我国麦冬栽培历史悠久，川麦冬的栽培最早在明弘治三年（1502年）《本草品汇精要》中就有记载，浙麦冬明代成化年间（公元1465～1487年）就有种植。

目前，麦冬家种和野生兼有，商品麦冬大多为栽培品。四川于栽培后第二年清明采挖，习称"川麦冬"，浙江于栽培后第三年立夏时采挖，称"浙麦冬"。野麦冬多在清明后挖取，多称作"土麦冬"。主要分布于四川、浙江、湖北、河南、福建、安徽、广西、江西、山东、湖南、江苏、广东、贵州、云南、陕西、河北、台湾。家种麦冬主产于四川绵阳、三台，浙江慈溪、杭州一带；福建鲤城、仙游，四川南部、射洪，湖南溆浦等地也有种植。

现代研究表明，麦冬含有多种化学成分，主要是甾体皂苷，包括麦冬皂苷A、麦冬皂苷B、麦冬皂苷C、麦冬皂苷D等。此外还含有多糖、豆甾醇、β-谷甾醇、β-谷甾醇-L-葡萄糖苷、氨基酸等。临床广泛用于治疗心绞痛、心律失常、心功能不全、糖尿病、萎缩性胃炎、久咳不愈等症。除了药用功效外，在食疗方面也有很广泛的应用。同时，麦冬又是我国重要的出口商品。

麦冬的药用价值大、应用广、市场需求量大，麦冬的人工栽培前景十分广阔。虽然麦冬栽培历史悠久，技术也较为成熟，但是受到市场和现代农药、化肥的影响，一些不和谐、不合理的现象在麦冬栽培过程中时有发生。鉴于此，总结已有的先进经验和技术，加强麦冬人工栽培技术研究，以求达到高产和高效甚有必要。同时，发展麦冬人工种植，增加麦冬市场供应量，是有效解决麦冬用药需求的有效手段。

第2章

麦冬药用资源

一、麦冬的植物学形态特征及分类检索表

1. 麦冬的植物学形态特征

麦冬*Ophiopogon japonicus*（L.f.）Ker-Gawl. 多年生常绿草本，植株丛生，高12～40cm，覆盖面30～40cm（图2-1）。须根的中部或先端常有膨大部分，形成纺锤状肉质小块根。茎很短。叶基生成丛，窄长线形，基部有多数纤维状的老叶残基；叶长10～50cm，宽1.5～3.5mm，先端急尖或渐尖，基部绿白色并稍扩大，边缘具膜质透明的叶鞘，具3～7条脉。花葶长6～15cm，通常比叶短；总状花序穗状，顶生，长3～8cm，具花几朵至十几朵，小苞片披针形，膜质，每苞片腋生1～3朵花；花梗长3～4mm，关节位于中部以上或近中部；花常稍下垂，花被片6，稍下垂而不展开，披针形，长3～6mm，淡紫色或白色；雄蕊6枚，着生在花被片的基部，花丝很短，花药三角状披针形，长2.5～3.0mm；子房半下位，3室，花柱长2.5～5mm，宽约1mm，基部宽阔而略呈圆锥形。种子球形，直径5～7mm，早期绿色，成熟后暗蓝色，花期5～7月，果期7～10月。

图2-1 麦冬植株

2. 沿阶草属植物形态特征及分类检索表

麦冬属于百合科沿阶草属（*Ophiopogon*），多年生草本，根或细而分枝多，近末端有时膨大成小块根，或粗壮而分枝少，常木质、坚硬；根状茎通常很短，不明显，少数较长，多为木质，极少肉质，有的具细长的地下匍匐茎。茎或长或短，不分枝，匍匐或直立，常为叶鞘所包裹，有的每年长短不等地延长，上部生出新叶，下部叶脱落后，直立或平卧地面，并生根；形如根状。叶基生成丛或散生于茎上，或为禾叶状，没有明显的叶柄，下部常具膜质叶鞘，或呈矩圆形、披针形及其他形状，有明显的叶柄，叶上面绿色，背面常为粉绿色或具粉白色条纹，有时边缘具细锯齿。总状花序生于花葶顶端或茎的先端；花单生或2～7朵簇生于苞片腋内；苞片短于或长于花；小苞片很小，位于花梗基部；花梗常下弯，具关节；花被片6，分离，两轮排列；雄蕊6枚，着生于花被片基部，通常分离，少数花药连合成圆锥形；花丝很短，有时不明显；花药基着，二室，近于内向开裂；子房半下位，上端宽而平，中间稍凹，3室，每室具2胚珠；花柱三棱柱状或细圆柱状，或基部粗，向上渐细，柱头微三裂。果实在发育早期外果皮即破裂而露出种子。种子常一个或几个同时发育，浆果状，球形或椭圆形，早期绿色，成熟后常呈暗蓝色。

沿阶草属有50多种，分布于亚洲东部和南部的亚热带和热带地区。我国有33种和一些变种，分布于华南、西南各省区，只有麦冬一种广布于秦岭南部及

河南、安徽、江苏等省。麦冬*Ophiopogon japonicus*（L.f.）Ker-Gawl.具有小块根，中药上广泛使用。表2-1列出了沿阶草属植物分类检索表，以便识别麦冬与同属其他植物的区别。

沿阶草属植物分类检索表

1 叶近圆形或侧狭卵形，但其不为禾叶状或剑形，有明显的叶柄 ………… **2**

1 叶多少禾叶状或剑形，基部渐狭成不明显的柄或无柄 ………………… **18**

2 叶有假羽状脉，即从中脉下部两侧斜向发出4对侧脉，叶宽32～38mm，边缘通常多少有皱纹；花大，花被片长10～12mm …………………**长药沿阶草**

2 叶不具假羽状脉，侧脉全部从叶基部发出，近弧形，叶宽窄变化较大，一般边缘无皱纹，少数例外；花较小，花被片一般长4～8mm（仅屏边沿阶草、棒叶沿阶草例外，花被片长10～12mm）………………………………… **3**

3 花梗关节位于近顶端，即近花被基部处；花丝极明显，长达2mm；花序通常只具单朵花，较少具2～3（～4）朵；花大，花被片长约12mm ……… **棒叶沿阶草**

3 花梗关节位于近中部或中部以下；花丝短或稍明显，长不超过1mm；花序具3～4朵或更多的花；花较小，花被片一般长4～8mm（屏边沿阶草例外）…… **4**

4 在近直生的、根状茎状的茎上发出几条细长的、直径约1mm的横生走茎；叶先端浑圆或钝，极少近急尖；花小，花被片长约4mm；花梗长3～4mm；花药长约

1.5mm ………………………………………………………… **钝叶沿阶草**

4 不具细长的走茎；叶先端渐尖、急尖或骤尖，极少稍钝；花药长2～8mm ⋯⋯ **5**

5 植物具长的茎，茎常多少匍匐或斜卧于地面，叶簇以一定距离分布于茎上 ⋯ **6**

5 植物或有较长的茎，而叶不规则地散生于茎上，或茎很短而叶簇近基生 ⋯⋯**10**

6 叶倒披针形，宽4～8mm；花较小，花被片长约5mm ⋯⋯⋯⋯⋯⋯**林生沿阶草**

6 叶种种形状，宽9～35mm；花较大，花被片长7～8mm（褐鞘沿阶草例外，花被
片长4～6mm，但叶宽18～35mm）⋯⋯⋯⋯⋯⋯⋯⋯⋯⋯⋯⋯⋯⋯ **7**

7 叶先端多少尾状，背面浅绿色；花每2～3朵簇生，较小，花被片长4～6mm ⋯⋯
⋯⋯⋯⋯⋯⋯⋯⋯⋯⋯⋯⋯⋯⋯⋯⋯⋯⋯⋯⋯⋯⋯⋯**褐鞘沿阶草**

7 叶先端渐尖、急尖或骤尖，但不为尾状，背面带粉白或苍白的绿色；花单生，
较大，花被片一般长7～8mm ⋯⋯⋯⋯⋯⋯⋯⋯⋯⋯⋯⋯⋯⋯⋯ **8**

8 花药长约4mm，约为花被片长度的一半；叶宽15～30mm；茎上的鞘紫褐色或深
褐色 ⋯⋯⋯⋯⋯⋯⋯⋯⋯⋯⋯⋯⋯⋯⋯⋯⋯⋯⋯**匍茎沿阶草**

8 花药长6～7mm，仅稍短于花被片或近等长；叶宽9～17mm；茎上的鞘浅色 ⋯⋯
⋯⋯⋯⋯⋯⋯⋯⋯⋯⋯⋯⋯⋯⋯⋯⋯⋯⋯⋯⋯⋯⋯⋯⋯ **9**

9 花药联合；花被片在开花时外卷 ⋯⋯⋯⋯⋯⋯⋯⋯⋯⋯**异药沿阶草**

9 花药分离；花被片在开花时不外卷 ⋯⋯⋯⋯⋯⋯⋯⋯⋯**云南沿阶草**

10 植物根较细而柔软，不为支柱根状的木质化根，粗1～1.5mm（干后），通常密
生根毛 ⋯⋯⋯⋯⋯⋯⋯⋯⋯⋯⋯⋯⋯⋯⋯⋯⋯⋯⋯⋯⋯**11**

17 叶柄较细弱，宽1～2mm，基部决不具棕红色的斑污；茎一般较长，常长于叶，在叶丛上方可见茎的裸露部分；节间稍长，节上的鞘光亮 …**褐鞘沿阶草**

17 叶柄坚硬而宽，宽3～5mm，基部常有棕红色的斑污；茎一般较短，常短于叶，在叶丛之上全部被叶基所包蔽；节间通常很短，节上的鞘不光亮…………………………………………………………………………………**宽叶沿阶草**

18 植物明显有茎，至少在叶丛下方有长2～3cm以上的茎，后者近圆柱形，常斜卧地面或多少埋于腐殖质中，有较密的节和残存的叶鞘，生根，形如根状茎…………………………………………………………………………**19**

18 植物茎极短，不明显，即在基生叶丛之外看不到茎或貌似根状茎的茎，有时有根状茎，但决非近圆柱形或近于直生的 ……………………………………**30**

19 叶多枚聚生成簇，各叶簇以一定距离分布于茎上，茎较长，在各叶簇之间明显可见茎的外露部分 ……………………………………………………**20**

19 叶或散生于茎上，或近簇生，后者在叶簇下方可见到貌似根状茎的茎 ……**21**

20 叶剑形，基部有稍明显的柄；花较大，花被片长约5mm …………**林生沿阶草**

20 叶禾状，基部无明显的叶柄；花小，花被片长约2.5mm …………**簇叶沿阶草**

21 植物有横走的、细长的走茎；花开放时花柱长为花药的一倍，至少有1/3伸出花被外 ……………………………………………………………**短药沿阶草**

21 植物不具上述走茎，若有走茎也是茎基部的延长；花柱长不及花药的一倍，不

披针形或卵状披针形 ·· **四川沿阶草**

26 花药或分离而长4～6mm，或联合而呈球形至卵形，长2～3mm；花蕾球形、

卵形或椭圆形 ·· **27**

27 根细软而多，粗约1mm，较少例外，表皮常脱落；花药披针形，长4～6mm，

但在开花后常凋萎；花大，花被片长8～9mm ·············· **大沿阶草**

27 根稍粗，一般粗1.5～3mm，表皮不脱落；花药卵形，长2～3mm；花小，花被

片长5～7mm ·· **28**

28 花药分离；花被片长4～5mm，在花开放后顶端不外卷；花梗长4～5mm或更

短 ·· **西南沿阶草**

28 花药联合，或后期分离；花被片长6～7mm，在花开放后顶端常外卷；花梗长

6～14mm ·· **29**

29 叶宽4～13mm，先端渐尖而具尖头；花梗长10～14mm；花丝明显，长约1mm

·· **狭叶沿阶草**

29 叶宽14～22mm，先端急尖而具钝头；花梗长6～9mm；花丝不明显 ·········

·· **连药沿阶草**

30 根状茎肥大，姜状，肉质，粗达3cm ······················ **姜状沿阶草**

30 根状茎较小或不明显 ·· **31**

31 植物不具横生的、细长的地下走茎 ···························· **32**

1mm；花药分离 ·· **厚叶沿阶草**

36　叶宽4～7mm，背面无上述条纹；花常单生；花丝长约2mm；花药多少联合成

长圆锥形，后期分离 ··· **硫花沿阶草**

37　花柱圆柱形，基部不宽阔，即花柱与子房之间有明显的界限 ······ **间型沿阶草**

37　花柱基部宽阔，即花柱与子房之间没有明显的界限 ············ **广东沿阶草**

38　花较大，花被片长7～8mm；花丝极明显，长约1.5mm，约为花药长度的1/3

·· **长丝沿阶草**

38　花较小，花被片长4～6mm；花丝很短，不明显 ··················· **39**

39　花柱细长，圆柱形，基部不宽阔；花被片在花盛开时多少展开；花葶通常稍

短于叶或近等长 ·· **沿阶草**

39　花柱一般粗短，基部宽阔，略呈长圆锥形；花被片几不展开；花葶通常比叶

短得多，极少例外 ·· **麦冬**

二、麦冬的生物学基础

麦冬喜温暖和湿润气候，四川、浙江两省麦冬主产区年平均气温都在16～17℃之间，年降雨量在1000mm以上。麦冬稍耐寒，冬季–10℃的低温植株不会受冻害，但生长发育受到抑制，影响块根生长，在常年气温较低的山区或华北地区，虽亦能生长良好，但块根较小而少。宜稍荫蔽，在强烈阳光下，叶

片发黄，对生长发育不利。但过于荫蔽，易引起地上部分徒长，对生长发育也不利。干旱和涝洼积水对麦冬生长发育都有显著的不良影响。宜土质疏松、肥沃、排水良好的砂质壤土，过细和过黏重的土壤，均不适于栽培麦冬。

麦冬的生长和发育，是其生命活动中极为重要的生理过程，是其体内细胞在一定的外界环境条件下，同化外界物质和能量，按照自身固有的遗传特性进行分生与分化。了解其生物学基础，尤其是麦冬各器官的形态特征和生长发育规律，有利于采取相应的栽培技术措施，以实现优质高产稳产。

（一）麦冬各器官的形态特征

1. 根

麦冬的根分营养根和贮藏根两种类型。栽培麦冬用营养器官繁殖。将收获后的整株麦冬在根茎过渡区处剪去老根，所留下的叶片和茎称之为种苗。种苗栽植后，自茎节叶腋间两侧或基部切口处发生不定根（须根），即营养根。由许多细长须状的小根组成，环生于根茎基部，不少须根又着生出支根，形成须根系。初生须根短、呈白色，衰老根呈黄褐色。须根长一般为7～12cm，粗0.1～0.2cm，多密集于土表10cm处。

秋季开始时，又有新根从茎基部抽出，较营养根粗壮。如土质松软，能深入到25cm以下的土层。凡在秋季开始时所发育的根均能在其先端发育为肉质块根（呈纺锤形，两头钝尖、中部肥满），通常把这种根称作贮藏根。麦冬前期

营养根的发育为后来贮藏根的生长作了物质准备，贮藏根与营养根的比例约为

2：1。在结构良好的土壤中贮藏根的数量会超出这个比例。

2. 茎

麦冬茎丛生状，具地下走茎。直立茎短，为0.5～1.0cm，茎节密集，节间

一般为1mm左右。栽培措施不当对茎生长有很大的影响，如植苗过深，茎会

抽长露出土面，于茎基部生长一丛不定根，又于近土表面茎节处长出一丛不定

根，两丛不定根之间有一长段茎的结构，称之为"二段根"。由于植苗过深，

土壤淹没叶片而受损失，待上部叶片重新长出时，拖延了时间，致使营养根和

贮藏根数量不多，块根产量不高。

3. 叶

麦冬的叶丛生于茎基部，绿色，草质，狭长线性，叶长10～40cm，一般

多在15～21cm，宽3.5～4.2mm，具有叶脉3～11条，一般为5～8条。基部绿白

色并稍扩大，叶柄鞘状，两侧边缘具膜质透明。叶片分列左右，稍参差互生排

列。新叶成长过程中可见茎基部外围有多数纤维状的老叶残基。

4. 花

总状花序顶生，花葶从叶丛中抽出，通常比叶短。小苞片膜质，每苞片

腋生1～3朵小花；花被片6，分离，淡紫色转白色；雄蕊6枚，子房半下位，三

室。由于麦冬在南北各地广为栽培，性状变异幅度较大，但花的特征比较稳

定，因此可作为鉴别种的主要依据。

5. 果实与种子

果实为浆果，圆球形，直径0.7～1.2cm。果期7～9月。外果皮蓝色，膜质发亮，光可鉴人。中果皮较厚，多含胶状物。果内含种子一枚。

（二）麦冬的生长发育特性

麦冬生长发育有着严格的阶段性，不同阶段要求环境条件不一致，采取的栽培措施也有差异。掌握麦冬的生长发育特性，就能制定麦冬栽培技术体系，收到预期的效果。目前，国内主要有四川和浙江两大麦冬主产区，这两个产区的麦冬分别称为川麦冬、浙麦冬。川麦冬主要种植在四川省绵阳市三台县及邻近的生态相似区，种植面积达5万亩。浙麦冬主要种植在浙江的慈溪、杭州、余杭、萧山一带，但近年随着浙江经济的快速发展，浙八味之一的浙麦冬种植面积和产量越来越少，市场和饮片公司已不多见。川麦冬占据了国内麦冬市场80%以上的份额。但鉴于川麦冬、浙麦冬生长发育特性和种植情况的不同，以下分别介绍川麦冬和浙麦冬的生长发育特性，其中重点介绍川麦冬。

1. 川麦冬的生长发育特性

根据川麦冬的个体发育情况，川麦冬一生可分为三个生长发育阶段：苗期、贮藏根生长期和块根膨大期。川麦冬的物候期，具体见表2-1。

表2-1　川麦冬物候期

物候期	初期	盛期
种植期	4月上旬	4月下旬（末期）
还苗期	4月下旬	5月上旬
营养根发育期	4月下旬	6月中旬
分枝期	6月下旬	10月下旬
开花期	5月中旬	6月中旬
果期	6月中旬	9月下旬
贮藏根发育期	9月上旬	11月下旬
块根膨大期	11月上旬	第二年3月下旬

（1）苗期　指以营养根和返青生长为主的时期，即清明节栽种麦冬苗后的返青生长期。"清明"后植苗，栽后10～30天，在老苗的基部开始长出细根（即营养根），称为第一次发根，第十八至第二十七天为出根盛期，这种新生根较细长，一般不膨大成为块根，随着地下营养根的生长，同时萌发分蘖苗，进入营养生长期。

当上层间种作物夏玉米收获以后，营养根生长加快；新枝突出，叶片猛长，是麦冬苗生长的关键时期。如这时生长量不足，会造成分枝少，也不能在立冬前封行。块根数量的多少，由分枝数、总叶片数和先端能够膨大的各种类型根的数量协调发展决定。其中，又以麦冬生长过程中的苗期萌发的分枝数为基础。随着分枝数的增加，单株的总叶片数也随之增多，光合面积相应增大。但麦冬植株低矮，丛状分枝，叶片交错互生。所以叶片数不能无限扩大，每窝以130～160叶片数为宜。叶片数过多，下层叶片枯黄纤维化，上层则相互荫蔽，光合面积不能有效扩大。

（2）贮藏根生长期 麦冬5月中旬开始开花，进入生殖生长期，到6月下旬营养根（细根）及分蘖苗叶生长加快，7～8月生长旺盛，9月在分蘖苗或老苗基部长出白色针状的不定根，在这些不定根中，有的在生长发育过程中，根端伸长区部分皮层薄壁细胞膨大，细胞体积增大，因而使这部分不定根膨大。

初秋至立冬以后一段时间，贮藏根在苗期的基础上开始发育。凡有一条贮藏根必然在其先端有膨大的块根。在施肥及时、水分适当和通气良好的条件下，一条贮藏根上还有两处膨大，称为"双果"，"双果"在5个分枝时始有出现，而在2～4个分枝中少见。

贮藏根发根的第二个时期是立冬以后，由于距离成熟时间近，发根亦短，均在5cm以下，并且集中在茎基周围，其先端也能膨大为块根，俗称"抱脚根"。抱脚根虽短，作为产量的补充是不容忽视的。

立冬前后，贮藏根先端就能见到有膨大的迹象，至翌年3月下旬，块根体积达到最大值。这个时间除贮藏根所膨大的块根作为产量的主要部分外，先期生长的营养根，长度在15cm以上者，其先端也能膨大作为块根收获，是组成产量的又一个方面。

（3）块根膨大期 于三伏天后及翌年天气回暖后，又从萌蘖苗或老苗基

部抽出新根，短而粗壮，中部或先端膨大成纺锤形。每年11月和12月块根生

长发育迅速，而地上部分生长减慢，一般不再产生萌蘖；翌年1月和2月气温

低时，植株呈休眠状态，块根发育减慢；3月天气回暖，块根发育膨大较快

（图2-2）。

图2-2 川麦冬块根

2. 浙麦冬的生长发育特性

浙麦冬与川麦冬的基原植物相同，因此，浙麦冬与川麦冬生长发育特性也

十分相似，但川麦冬是栽培一年后收获，而浙麦冬是栽后第2～3年后才收获，

故浙麦冬生长发育特性与川麦冬的生长发育特性又有些不同。浙麦冬的生长发

育可分为叶丛生长、发根和块根形成期3个阶段。

（1）叶丛生长 浙麦冬栽植后，由于气温较高，新叶抽生相当缓慢。据观

察，浙麦冬栽后3个月才开始分蘖，11月至第二年4月为分蘖盛期。在炎热的夏季和严寒的冬季中，浙麦冬叶丛生长极缓慢。

（2）发根　浙麦冬一年中发根两次，第一次在7月前，新根从老苗基部或老根发出，细而长，一般不会膨大成块根，称为营养根；第二次是从8月开始，10月是发根盛期，这时期根大部分是从分蘖苗上或老苗基部发出，短而粗壮，能膨大形成块根，称为"结麦冬根"。第二年，浙麦冬所发的第二次根比第一年要早些，第二年发的根越多，形成的块根就越多，产量就越高。

（3）块根形成　于4月栽植后，浙麦冬块根一般始见于10月下旬至11月中旬，到翌年2月下旬发育完成。块根形成的终期在翌年5月，不同年度、不同地点、不同植株的生长龄基本一致。

三、麦冬植物的地理分布

麦冬在我国最早始载于《神农本草经》，被列为上品。《本草纲目》麦门冬：【集解】[别录曰]麦门冬叶如韭，冬夏长生。生函谷川谷及堤坂肥土石间久废处。二月、三月、八月、十月采根，阴干。[普曰]刚生山谷肥地，丛生，叶如韭，实青黄。采无时。[弘景曰]函谷即秦关。处处有之，冬月作实如青珠，以四月采根，肥大者为好。[藏器曰]出江宁（今江苏南京）者小润，出新安

（今浙江淳安县）者大白。其苗大者如鹿葱，小者如韭叶，大小有三四种，功用相似，其子圆碧。《植物名实图考》收载的麦冬，与《本草纲目》的相似。[颂曰]所在有之。叶青似莎草，长及尺余，四季不凋。根黄白色有须，根如连珠形。四月开淡红花，形如红蓼花。实碧而圆如珠。江南出者叶大，或云吴地者优胜。[时珍曰]古人惟用野生者。后世所用多是种莳而成。其法：四月初采根，于黑壤肥沙地栽之。每年六月、九月、十一月三次上粪及耘溉。夏至前一日取根，洗晒收之。其子亦可种，但成迟尔。浙中来者甚良，其叶如韭而多纵文且坚韧为异。《植物名实图考》收载的麦冬，与《本草纲目》的相似。综上所述，自古麦冬的品种即不止一种，且有栽培和野生的，《本草纲目》中所述来自浙中，叶如韭的麦冬，与麦冬*Ophiopogon japonicus*（L.f.）Ker-Gawl. 相近，现今仍以此种为主，并广为种植。

同时，据清同治十一年（1873年）《绵州志》记载："麦冬，绵州城外皆产，大者长寸许为拣冬，中色白力较薄，小者为米冬，长三四分，中有油润，功效最大。"《三台县志》记载："清嘉庆十九年（1814年），已在园河（今花园镇）白衣淹（今光明乡）广为种植。"由以上可知，浙江、四川等一直有麦冬分布，且种植历史悠久。

目前，麦冬*Ophiopogon japonicus*（L.f.）Ker-Gawl. 原植物在我国分布较广，产于四川、浙江、云南、河北、河南、山东、陕西、江苏、江西、安徽、

福建、湖北、湖南、广东、广西、陕西等省区。日本、越南、印度等国也有分布。

四、麦冬生态适宜分布区域与适宜种植区域

1. 生态适宜分布区域

麦冬多生长在山坡阴湿处、林下或溪旁，大田栽培区域，年均温度适宜在16.4～16.8℃，1月平均气温5.2～5.7℃，7月平均气温26.2～26.8℃，年降雨量889～1004.4mm；相对湿度78%；无霜期275～290天。喜气候温暖、雨量充沛、荫蔽度大的生态条件，能耐寒。土壤pH值在7～8.4，弱碱性，以肥沃疏松、排水良好，土层深厚的砂质壤土为好。

2. 适宜种植区域

川麦冬最适宜种植区域在四川省绵阳市三台县涪江沿岸的永明、花园、芦溪、刘营、灵兴、新德、老马、里程、争胜9个乡镇及周边地区。其次是四川省江油、南部、射洪、遂宁、乐山、南充、剑阁、仪陇、通江，重庆市的酉阳、秀山、邻水等地也可以种植。

浙麦冬适宜种植区域为浙江省钱塘江流域的慈溪、杭州、余杭、萧山一带，但由于江浙经济的发展，大量的耕地被占用，浙麦冬适宜种植的地区越来越少。

　　麦冬也可以在江西兴国、于都，福建泉州、仙游、鲤城、南安和惠安，河南邓州，贵州贵阳、遵义、安顺，云南大理，昆明、开远、元阳等地区种植，安徽、上海、江苏、广西等省市为生态适宜种植区。

第3章

麦冬的栽培技术

我国麦冬栽培历史悠久，经长期的栽培实践，并运用现代科学技术进行总结研究，四川、浙江产区由于自然环境条件和耕作习惯不同，种植周期不同，在长期的种植过程中，四川、浙江产区各自形成一套自己的栽培技术，因此以下分别介绍川麦冬、浙麦冬的两个主产区的栽培技术。

一、种苗繁育

（一）川麦冬种苗繁育

川麦冬种子成熟度不高、发育缓慢。在四川产区，麦冬生产上主要采用无性繁殖方式。

1. 品种选择

在四川省绵阳市三台县麦冬产区，麦冬的品种主要有直立型麦冬、宽短叶匍匐型麦冬、细叶麦冬和野生麦冬。人工栽培麦冬宜选择直立型麦冬和宽短叶匍匐型麦冬。近年四川产地，随着生产面积的扩大和人为的品种选择，匍匐型麦冬在产区已经少见，目前栽培的品种主要是直立型麦冬。

2. 种苗的培育

（1）选苗　清明前后收获川麦冬时，选颜色深绿而健壮的直立型麦冬或宽短叶匍匐型麦冬的植株作为种苗。

（2）切苗　将选好的种苗切去下部根状茎和须根，保留上部蔓节部分，保留1cm以下的茎节，以叶片不散开，根状茎横切面呈现白色放射状花纹（俗称"菊花心"）为佳（图3-1）。若切时所留根状茎过短，则造成叶散后叶基腋芽受损，影响新根萌发，甚至不能发根；若切时留的根状茎过长（俗称"长根"），则形成两重茎节（俗称"高脚鸡"），亦影响块茎的生长，导致减产。将切好的合格种苗清理整齐后，及时栽种，这样成活率高，发根早，生长好。

图3-1　切好的川麦冬种苗

（3）养苗　对不能及时栽植的种苗，必须"养苗"，把种苗放在阴湿处的疏松土壤上，种苗茎基部周围用细土护苗，使种苗根部埋在潮湿的土壤中。养苗时间不宜过长，一般不超过7天，养苗期间必须保持土壤湿润。

（4）种苗分级标准　绵阳三台县农业局发布的《无公害农产品生产技术规程麦冬》及《麦冬标准化种植技术规程》中，将麦冬种苗分为三级，其中以一级和二级种苗为栽培用优质种苗（表3-1）。

表3-1　川麦冬种苗分级标准

种苗分级	种苗高度（cm）	种苗颜色	病、虫害	采收期苗蘖数	种苗特征
一级	20～30	深绿色	无	4～5	
二级	20～30	深绿色	无	1～3	叶较紧密，苗基硬，切根后显菊花心
三级	20～30	深绿色	无	大于5	

近年四川产区，农户也有以叶片数为选择标准，在种苗高度控制在15cm左右、种苗颜色深绿色、无病虫害、叶较紧密，苗基硬，切根后显菊花心的前提下，选择分蘖数为2，或者将具多个分蘖数的种苗从苗基处分开变成多个分蘖数为2的种苗。通过叶片数多少确定种苗的分级标准，叶片数大于18片为一级；叶片数在13～18片之间为二级；叶片数小于13片为三级，其中以一级和二级种苗为栽培用优质种苗（图3-2）。

图3-2　川麦冬种苗人工分级

（二）浙麦冬种苗繁育

浙江产地方面，浙麦冬繁殖方式也主要采用无性繁殖的方式。

1. 选苗

浙麦冬的栽培品种与川麦冬*Ophiopogon japonicus*（L.f.）Ker-Gawl. 相同。立夏至芒种前后，收获浙麦冬时，应选择二至三年生生长健壮、株矮、叶色黄绿、青秀、单株绿叶数15～20片，根系发达，根茎粗0.5～0.8cm、块根多而大、饱满的无病虫植株。

2. 切苗

从种苗基部剪下叶基和老根茎基，留下长2～3cm的茎基，以根茎断面出现白色放射菊花心，叶片不散开为度，同时将叶片长度剪至5～10cm，再"十"字或"米"形切开分成（4～6）种植小丛，每小丛留苗10～15个单株。切苗后及时栽植。

3. 养苗

对不能及时栽植的种苗，必须"养苗"，把种苗竖放在荫蔽处，四周覆土保护进行养苗。种苗根部保持湿润。养苗时间不宜过长，一般不超过一周，养苗期间必须保持土壤湿润。

二、栽培技术

（一）川麦冬的栽培技术

1. 选地

栽培麦冬应选择灌溉水方便，土壤肥沃、疏松、湿润，地势平坦的沙质土壤。低洼积水的易涝地或寒冷干旱地方不宜栽培。因川麦冬在长期进化过程中，形成了相对稳定的遗传特性，一旦环境不能满足它的生长要求时，就会出现生长不良甚至死亡的现象。同时应注意前作，一般前作有苕子或早熟油菜、萝卜等，以苕子为最好，因苕子是绿肥，随时可翻耕，能按时栽种麦冬。

2. 整地

整地的目的是疏松土壤，提高土壤肥力，有利于灌溉排水，消灭病虫、杂草等。土壤疏松不仅能保持一定的水分和空气，促进养分转化，提高土壤肥力，而且还有利于根系顺利伸展，扩大吸肥面积，使麦冬生长旺盛，获得优质高产。麦冬根系发达，主要分布在15～20cm的土层，故栽种麦冬的地应深耕25～27cm，并应多次犁耙，锄细土块，做到精细整地，使土壤疏松、细碎、平整，以利根系生长（图3-3）。整地后如遇大雨，土面板结，应再耙一次后栽种。若土块过大、土面不平，可做成小畦栽种（或称平畦），不高出土面，并在四周开沟，沟应平直，以便灌溉排水通畅。整地应同时施足基肥，每亩用经过发酵的饼肥40～50kg或过磷酸钙40～50kg与充分腐熟的农家肥2500～3000kg混合施用。

图3-3　川麦冬整地

3. 栽培时期

以清明节前后为佳，但川麦冬生产区，农户一般在4月中下旬至5月上旬收获后栽种。4月中上旬栽种的麦冬，易成活，发根快，结麦冬早，质量好，单位面积产量高。因此，若能适当提早栽种时间，既能减少投入，又可达到提高产量的目的，是一项经济的增产措施。

4. 栽培方法

（1）条栽　绵阳三台产区传统栽培方法主要以条栽为主。栽种时应选晴天或阴天开沟条栽，沟距12～13cm，株距8～9cm，每亩6.3万～6.4万窝，每窝1～2苗。沟深以4～5cm为宜，如开沟过深，造成土将种苗叶掩盖，影响叶茎腋芽出土及营养根和块根的生长；如开沟过浅，栽后浇水时易将种苗冲出土面而晒死；同时开沟应直，以便灌溉和排水。栽种时苗应垂直紧靠沟壁，

排栽于沟内，用脚夹紧，依次踏实，使种苗直立稳固，做到地平苗正。栽完一块地应立即灌水，使土壤与种苗基部紧接，不致失水死亡，并能促使新根萌发。

（2）打窝机打窝栽培　近年来，三台产区部分种植户采用打窝机栽培。按照株行距10cm×10cm进行打孔，每窝栽一个分蘖种苗，栽种时种苗应垂直，用脚夹紧，使种苗直立稳固，做到地平苗正（图3-4）。

图3-4　川麦冬打窝机栽植

5. 浇灌定根水

栽完一块地应立即灌水。定根水以淹灌方式进行，灌至地面水2～3cm为宜。随后经常灌溉，保持土壤湿润，直至种苗开始走根分蘖（图3-5）。

图3-5　浇灌过定根水的川麦冬田块

6. 补苗

栽后7～15天对全田进行检查，扶正倒苗，用同一品种补足缺苗和死苗，确保全苗。

7. 间作、套作与轮作

（1）间作　川麦冬植株矮小，生育期330～350天。野生麦冬均生于林下，故栽培麦冬应模拟其野生环境，视其生物学特性，满足其需要的荫蔽条件，在麦冬地间种其他作物。这样不仅满足了其对荫蔽的需要，减少烈日直照对其生长发育的影响，还能充分利用上层光能和空间，提高土地利用率，增加农民的经济收入，符合立体农业、生态农业、高效农业的科学模式。四川产区，农户在长期栽培麦冬的实践中，形成了以下几种间作模式。

①麦冬地+夏玉米：川麦冬高产区以收麦冬和玉米为主，这种间作模式，是从麦冬和玉米生长发育的特性出发，使其优势互补，既利于麦冬的生长，也利于玉米生长发育（图3-6）。4～7月是玉米生长旺期需要充足的阳光，田间的直射强光可充分利用，而麦冬4月正处于栽后不久的苗期阶段，不适宜强光照，玉米则成为最佳的荫蔽植物，形成彼此适宜的生态环境，满足各自的需要。且玉米栽种后，根部迅速下伸，而此时浅根系的麦冬，才开始进入营养根生长期，营养根主要分布在10cm的土层中，彼此可以充分利用不同深度的地力，避免在同一深度的土层争夺养分。玉米收获后，麦冬正处于营养根和分蘖苗生长旺盛阶段，对光照需要量增大的要求能得到满足。这种间作模式，只要管理精细，麦冬玉米均能获得高产，麦冬最高亩产量可达250kg，玉米可达550kg。这是目前川麦冬产区广泛采用的间作方式，既能提高光能、空间和土地的利用率，又能提高经济效益，符合立体农业生态农业、高效农业的实用而科学的模式。

②麦冬+夏玉米+大蒜：麦冬间种夏玉米和大蒜，如管理得当，不仅能

图3-6 麦冬套种夏玉米

增加收入，而且不会影响这几种作物的生长（图3-7）。夏玉米收获后，正是麦冬生长旺盛期，营养根向土壤下层深入，需要一定的光照，而蒜苗尚处在幼苗阶段，对麦冬生长无影响，故麦冬能在立冬前生长茂盛封行。但第二年2～4月为蒜苗生长盛期，亦是麦冬块根迅速膨大的关键时期，彼此争夺养分，对麦冬的生长有一定的影响，若合理种植大蒜，则对麦冬无太大的影响，仍能使麦冬获得高产。

图3-7　麦冬套种大蒜

③麦冬+夏玉米+秋玉米：这是一种传统的间作模式，是以收获粮食为主的方式，目前采用该模式较少。间种两季玉米，严重影响麦冬苗期生长和分蘖，立冬前，麦冬植株不能封行，地下块根少，产量低。

④麦冬+夏玉米+莴笋+大蒜：这种间作模式多在城郊或距离集市农贸市场不远的地方采用，以收获蔬菜和粮食为主。这种间作方式，在夏玉米收获后，种两季莴笋，再收大蒜，导致麦冬在生育期中光照和养料不足，产量较低，而且蒜薹也会减产。

⑤麦冬+夏玉米+萝卜：在城市周围菜区多用这种间作方式，萝卜生长期较长，消耗养分较多，肉质根和株幅较大，对麦冬后期块根的生长发育和块根膨大影响严重。在这种间作方式中，还有种一季莴笋后再种萝卜的，则对麦冬生产影响更大。

⑥麦冬+夏玉米+秋玉米+大蒜：麦冬生育期内均有间种，使麦冬生长后期受到荫蔽，不能满足其对光照的要求，使生长发育受到影响，尤其块根膨大期与间作作物争夺养分，致使麦冬产量和质量降低。在麦冬价格较低的情况下，利用间作，增加收入的做法在离城镇较近的地方采用较多。

麦冬地内间作品种的多少，往往随着麦冬价格的高低而增减，若价格高，则以收麦冬为主，间作品种减少，若麦冬价格低，则多品种间作，以增加收入为主。麦冬间作复合种植的最佳组合模式，是麦冬间作玉米及麦冬间作夏玉米和大蒜。

（2）套作　近年来，四川产区部分农户利用麦冬地面上的立体空间，从提高空间利用率角度，常采用麦冬套作苦瓜、四季豆、豇豆等藤蔓蔬菜。套种藤蔓蔬菜需要搭建混凝土立柱，混凝土桩规格一般采用12cm×12cm×300cm，上部10cm和12cm处开孔，穿承重绳；田间栽桩柱距（方向）：2.5m×5m；地下深0.7m，地上部分2.3m；穿8号钢丝作为承重绳，钢丝绳和混凝土柱子悬挂蔬菜攀缘网。4～8月栽种苦瓜、豇豆，8～11月栽种四季豆，11月后为麦冬块根快速形成期，不再套作，以便麦冬光合作用快速生长，第一季种完后清除枯枝败叶后栽种第二季，其他管理同大田生产。可以采用麦冬—苦瓜—四季豆，麦冬—苦瓜，麦冬—豇豆—四季豆，麦冬—豇豆等套种模式。

尽管套作产量会低于麦冬单作产量，但与麦冬单作和蔬菜单作比较套作能够显著提高单位面积土地的产出。麦冬单作亩产值在1.2万元左右，套作亩总产值在1.5万～1.7万元，亩增值在3000～5000元，扣除劳动力成本，套作蔬菜所产生的经济效益远高于因麦冬减产部分的经济效益。

（3）轮作　实行合理的轮作，对防治病虫害、调节地力均具有良好的效果。在川麦冬主产区排灌方便的地方，最好实行麦冬与水稻轮作，切忌连作（即连年在同一块地种麦冬）。因为任何一种病害都有一定的寄主，任何一种害虫都有一定的食性，在同一块地上轮作不同的作物，能使那些对新环境不适应的病虫害，逐渐减少或自然消亡。麦冬与水稻轮作，是经济而有效地减少病虫害的办法。具体方法是栽种麦冬1～2年后，种一年水稻或其他作物，再种麦冬，川麦冬产区，农户轮作的模式主要有以下四种模式。

第一种，苕子（绿肥）—麦冬—水稻，即栽种苕子后，种一年麦冬，收麦冬后种水稻，交替轮作。

第二种，水稻—麦冬—秧田—蔬菜，循环轮作。

第三种，土豆—麦冬—秧田，交替轮作。

第四种，水稻—小麦（或油菜）—麦冬—秧田，交替轮作。

上述四种方式第一种最好，因麦冬与绿肥轮作，能增加土壤肥力，绿肥可随时翻犁，能保证麦冬按时栽种，同时与水稻轮作，对消灭地下害虫极为有利，其次是第二种，与水稻、秧田轮作亦有利于消灭病虫害。

8. 施肥

不同间作、套作方式的存在，对麦冬施肥时期和方式有所区别。但一般来说，在共生期间对间作、套作作物施肥，麦冬也得到相应养分的补充，不需要对麦冬单独施肥，间作、套作品种收获后，则需视麦冬生长情况，适时施肥，底肥以农家肥为主，追肥以化肥为主。

（1）底肥　主要是以家畜粪肥为主的堆肥，一般每亩施2500kg以上。这类肥料分解完全、肥效持久，是种植麦冬必不可少的。除堆肥外，每亩还可施经过发酵后的饼肥、过磷酸钙各50kg左右。

（2）追肥

①第一次追肥（苗肥）：4月下旬至5月上旬，正是麦冬萌发新根时期，这

时施肥能促使多发根，多分蘖，植株健壮，同时间作的玉米正是拔节初期，营养生长需要肥料，一般每亩施入优质腐熟有机肥500～1000kg、腐殖酸有机无机麦冬专用肥30～50kg或10～20kg无机麦冬专用肥。

②第二次追肥（分蘖肥）：6月中旬，是麦冬营养根和分蘖苗生长的旺盛时期需补充养料，如这时施肥不足，会严重影响麦冬苗叶生长，立冬前不能封行，亦影响块根的生长；间作的夏玉米此时开始抽穗，是营养生长和生殖生长同步进行的生长旺盛期，故这次追肥与玉米产量关系很大。优质腐熟有机肥1000～2000kg、腐殖酸有机无机麦冬专用肥75～100kg或35～40kg无机麦冬专用肥，可结合灌溉，全田撒施。

③第三次追肥（秋肥）：11月上旬，麦冬块根逐渐膨大，间作的莴笋、玉米已收获，麦冬已封行，块根不断增长和增粗，此时必须保证块根生长所需养料的供应。一般每亩施入硫酸钾20kg或草木灰100kg、腐殖酸有机无机麦冬专用肥60～80kg。

④第三次追肥（春肥）：翌年2月中旬，麦冬块根膨大生长期，及时施肥对提高产量有明显的作用，一般每亩麦冬专用肥10kg。

若无麦冬专用肥料，在麦冬生长后期，对灰棕冲积土的麦冬地应适量用硫酸钾、草木灰和磷酸二氢钾，以弥补其钾素的不足。麦冬后期的生长，主是块根的增长和增粗，在秋、冬和早春的低温季节，磷钾对于麦冬体内细胞物质的

转运和功能起到明显的调节作用，能增强植株对氮肥的吸收能力。同时必须注意，单纯大量施用农家肥料，不能满足麦冬对养分的需要，必须增加一定数量的速效性氮肥。这样既可避免单纯施用化肥对土壤理化性质带来的不良影响，又能满足麦冬对速效性肥料的需要。施肥时，应考虑氮、磷、钾肥的比例，一般以N：P：K比例以1：0.52：0.94为宜。

9. 植物生长调节剂喷施

在麦冬的生产中，多效唑是必用的生长调节剂，它能抑制麦冬地上茎叶生长，减少分枝，促进有机物向块根运输，促进地下块根的生长发育，从而增加麦冬药材的产量。为了提高麦冬块根的产量，在每年9～10月喷施多效唑。但由于多效唑不易降解，在土壤中的半衰期较长，每亩施用量严禁超过3kg。

特别说明： 多效唑在欧洲一些国家如瑞典已经禁用。建议在生产中尽量不施入多效唑，以免造成麦冬药材的多效唑残留。

10. 中耕除草

7～8月和9～10月用特制钉耙进行2次中耕，可以疏松土壤，流通空气，有利于根系生长和壮苗。麦冬植株矮小，杂草容易高出麦冬苗，不仅消耗养料，而且妨碍光照，因此必须及时除草。

提倡人工除草，5～10月杂草最易滋生，每月需除草1～2次。高产麦冬经验，麦冬地里要长年不见草。但立冬后，结冰冻，叶片弱，应注意除草时不要

损坏苗叶而影响麦冬生长，此时，人不再进入麦冬地为好。

大规模栽培时的春草可以使用化学除草，化学除草的原则：选择芽前除草剂，禁止使用磺隆类、嘧啶类和醚类等高残留除草剂。最佳除草时间为春草萌发初期。秋草禁止使用除草剂除草。结合麦冬中耕进行人工除草。

11．排灌水

麦冬喜湿润的土壤，生长期需要充足的水分，尤其在栽后和块根形成期，不能缺水，必须及时灌水，保持土壤湿润，以利早期成活。发根分蘖及后期块根的生长发育若遇春旱和夏旱，应视地块干旱和麦冬苗生长情况，及时灌溉，切忌土壤干裂。气温高时，水分蒸发量大，应缓慢浸灌，不能过急淹浇，以避免土温骤然下降，影响麦冬生长。施肥时，大量加水稀释泼施，也能起到灌水的作用。

在雨水多的季节或突发大水，应按照水流方向及时挖排水沟，排水。

12．病虫害防治

（1）麦冬病害　川麦冬的主要病害根结线虫病、黑斑病和根腐病，产区危害严重，应及时进行防治。

①根结线虫病发病特征及防治办法：根结线虫病俗称红根病，主要危害麦冬根茎部。每年9～10月发病，苗叶长相凌乱，叶片披垂，根部形成大小不等的根结，呈念珠状，根结上又可长出不定毛根，这些毛根末端再次被线虫侵

染，形成小的根结。受害部位呈红褐色，根尖尤为明显。受害轻的红褐色可以刮掉，内部仍保持白色，但影响根的伸长及膨大，受害的根表面粗糙、开裂，后期呈腐烂状。受害严重的植株叶片颜色变浅，近地面叶片纤维化加快。根结线虫病使麦冬品质下降，商品价格和药用价值降低。切开根结，可见白色发亮的乳白色球状物，即为雌性成虫。对麦冬根结线虫病应采取综合防治，目前在生产上的防治方法有以下几种。

实行合理轮作：重茬可以使麦冬根结线虫的田间密度增大。实行过水稻与麦冬轮作的田块，再种植麦冬时，开始年份不发病或发病较轻。因为，根结线虫是专性的寄生物，孵化出的幼虫本身仅具有有限的营养，轮作后，在没有寄生植物的田间，它们在寻找可以取食和繁殖的寄主的时候，如果寄主的营养耗尽了，根结线虫将变得没有侵染力，而很快地饿死。在防治麦冬根结线虫病时，麦冬与其他作物合理轮作是防治根结线虫病的重要而又有效的方法，适宜与水稻、棉花等作物轮作，忌与烟草、紫云英、豆角、薯蓣、瓜类、白术、丹参等作物轮作。

选育优良抗病品种：在现有田间群体里，经过优良品种选择，选育出病虫害发生低、抗性强的品种栽培。

选用无根结线虫的种苗：选择没有受到根结线虫危害的田块中的麦冬植株作为种苗，这是防治根结线虫病发生的重要措施。种苗栽培前要把老根剪干净，剪下的根应进行堆腐或烧毁，切不可放在待种的田块内。

合理间作，及时清除杂草：根结线虫对葱蒜类无侵染能力，合理间作大蒜有降低根结线虫密度的作用，套作玉米、绿豆也能减轻根结线虫病的危害。根结线虫可以在许多杂草上繁殖，杂草也是根结线虫的寄主，例如麦冬地里常见的香附子。有杂草存在的情况下，会影响麦冬间作、套作、轮作的种植效果，及时拔除杂草可减少根结线虫的发生。

物理防治：采用物理植保技术可以有效预防麦冬植株全生育期病虫害，其中根结线虫病可采用土壤电消毒法进行防治。根结线虫对电流和电压耐性弱，采用3DT系列土壤连作障碍电处理机，在土壤中施加DC30–800伏、电流超过50A/m²就可有效杀灭土壤中的根结线虫。

药剂防治：种植前对土壤进行消毒。每亩用5%克线磷颗粒剂5kg施入畦土内，也可用40%甲基异硫磷乳油，每亩1kg加细砂适量撒于畦土内，与表土混匀，再进行栽种。也可以使用1.8%阿维菌素乳油（又名爱福丁、虫螨克等）、3.2%高效氯氰菊酯、10%福气多颗粒剂（又名噻唑膦）、35%威百亩水剂（又名线克）、线虫快克、1%克线磷、98%必速灭微粒剂（又名棉隆）等药剂进行防治。农药安全使用间隔期遵守国标GB 8321《农药合理使用准则》，没有标明农药安全间隔期的品种，收获前30天停止使用，执行其中残留量最大的有效成分的安全间隔区。

另外，重施腐熟的有机肥，增施磷、钾肥，提高麦冬植株抗病力，基肥中增施石灰，叶面追施过磷酸钙，也可以从根本上杜绝根结线虫的发生。

②黑斑病发病特征及防治办法：黑斑病一般发生在4月中旬，6～7月最为严重。发病初期叶面变黄，并逐渐向叶基部蔓延，产生青、白、黄等不同颜色的水浸状病斑，边缘呈放射状、病斑直径3～15mm，后期病斑上散生黑色小粒点。一般麦冬植株外围叶片易受害，被害叶片逐渐卷缩枯萎，影响生长。病原菌随病叶遗留在土壤中越冬，成为第二年的侵染菌源。一般在多雨季节易发病。土壤瘦瘠或施氮肥过多，植株抗病力减弱，则发病严重。对麦冬黑斑病应采取综合防治，目前在生产上的防治方法有以下几种：选用健壮种苗种植；栽种前用1∶1∶100倍波尔多液或65%代森锌可湿性粉剂500倍液浸苗5分钟，以杜绝种苗带菌；加强田间管理，及时排除积水；冬季将病株清理干净，并进行烧毁；发病期用1∶1∶200倍波尔多液或50%多菌灵1000倍液喷施，10天一次，连续喷3～4次。

③根腐病发病特征及防治办法：麦冬根腐病是一种真菌引起的病，该病会造成根部腐烂，吸收水分和养分的功能逐渐减弱，最后全株死亡，主要表现为整株叶片发黄、枯萎。发病时间一般多在3月下旬至4月上旬，5月进入发病盛期。发病初期，仅仅是少数的支根和须根感病，并逐渐向主根扩展，主根感病后，早期植株不表现症状，后随着根部腐烂程度的加剧，吸收水分和养分的功

能逐渐减弱，地上部分因养分供不应求，新叶首先发黄，在中午前后光照强、蒸发量大时，植株上部叶片才出现萎蔫，但夜间又能恢复。病情严重时，萎蔫状况夜间也不能再恢复，整株叶片发黄、枯萎。此时，根皮变褐，并与髓部分离，最后全株死亡。根腐病发生后，会造成减产在20%以上，严重时减产可达80%，严重影响了麦冬的产量和质量。对麦冬黑斑病应采取综合防治，目前在生产上的防治方法有以下几种。

选择优良抗病品种：选好并整好育苗地块。选择优质品种，并对种子进行浸种+种衣剂处理，并适期播种。

种苗消毒：栽植前，种苗基部也可用0.3%的退菌特或0.1%的粉锈宁或用80%的402抗菌剂乳油2000倍液浸种1小时后种植。

土壤消毒：可使用甲霜恶霉灵、多菌灵等进行土壤消毒，且可兼治猝倒病、立枯病。

田间管理：精耕细耙，悉心培育壮苗，在移植时尽量不伤根，精心整理，不积水不沤根，施足基肥；定植后要根据气温变化，适时适量浇水，防止地上水分蒸发、苗体水分蒸腾，隔绝病毒感染；分别在花蕾期、幼果期、果实膨大期喷施磷肥，增强植株营养匹配功能，使果蒂增粗，促使植株健康生长，增强抗病能力。

药剂防治：可使用铜制剂、甲霜恶霉灵等药剂进行防治。发病时，可用甲

霜恶霉灵或铜制剂进行灌根。

（2）麦冬虫害　川麦冬的虫害有蛴螬和非洲蝼蛄。这类害虫大部分时间均隐蔽于土壤之中，以取食麦冬根部为生，不易发现和防治。它们对麦冬危害甚大，轻者造成减产，重者绝产无收。以下主要介绍蛴螬和非洲蝼蛄发生症状和防治办法。

①蛴螬危害症状及防治办法：蛴螬是金龟子的幼虫，也称"老母虫""土蚕"。川麦冬主产区的蛴螬主要有5种，即灰胸突鳃金龟、铜绿丽金龟、暗黑鳃金龟、苹绿丽金龟及小黄鳃金龟的幼虫。其中优势种为灰胸突鳃金龟大型种金龟子的幼虫，暗黑鳃金龟铜绿中型种金龟子的幼虫、铜绿丽金龟小型种金龟子的幼虫。此虫食性杂，取食各种农作物根部，如麦冬、花生等地下部分。其危害范围广、时间长、程度重，此虫从麦冬苗期营养根生长开始，直到11月块根膨大期，均可危害，轻者缺窝短苗，造成减产；重者把麦冬全部块根吃光，造成颗粒无收。对麦冬田间蛴螬虫害应采取综合防治，目前在生产上的防治方法有以下几种。

加强农业防治：利用当地便利的水源条件，在6～8月蛴螬大量发生期，分别连续淹水3天，能有效地防治当年孵化的一龄幼虫的危害，减少蛴螬密度。实行水旱轮作，也是经济有效的防治方法。种一年麦冬后栽一年水稻的田块，就无蛴螬危害。采挖麦冬时应深挖，拾取幼虫作鸡鸭饲料，减少虫源基数。晴天深土时，将蛴螬暴露在地面后，日晒5～7分钟即死亡；砍伐沟坎边金龟子喜食的麻柳树，以减少其成虫食源。这是防治蛴螬危害的重要环节；将土农药五加（白刺、七里香、倒钩刺）的枝、叶切细烂，每千克加水2L，浸泡3～5天后，过滤取液汁，以每千克液汁兑水2L浇灌，有一定效果。

物理防治：利用成虫的趋光性，用黑光灯诱杀。一支20瓦的黑光灯，两个月的晚上可诱杀金龟近5000只。在成虫高峰期，采用黑光灯诱杀和人工捕捉能有效消灭成虫，降低虫源基数。

药剂防治：川麦冬采挖后，每年每亩用50%的辛磷乳油0.5千克兑水1000L，于犁地后施入，能杀灭1～2龄幼虫；在玉米收获后，从7月中下旬至8月初，对蛴螬进行施药处理。每亩用40%的甲基异柳磷乳油0.75kg，兑水500～1000L，均匀浇灌到地里；或每亩用50%的辛硫磷乳油0.5kg，兑水1000～1500L，在傍晚或阴天均匀浇灌到地里。以上两种药剂，均能有效控制蛴螬的危害。

除用药剂防治幼虫外，还可用药剂防治成虫。最好在成虫盛发期或成虫产卵前将其杀灭，这是减少虫源的有效措施。主要方法是：用内吸性杀虫剂如40%乐果或氧化乐果乳油800倍液洒在麻柳树和核桃树等金龟子寄主的树干、枝叶上，使其取食后死亡。

②非洲蝼蛄危害症状及防治办法：非洲蝼蛄俗称"泥狗""土狗"。其成虫和若虫咬断麦冬地下部分，并在土中挖掘"隧道"，挖断麦冬根系造成缺苗。

非洲蝼蛄在低温及较黏重的土壤中发生危害最多，成虫喜欢在湿润温暖、腐殖质多的低洼地里繁殖，被害麦冬地下部分常呈麻丝状。非洲蝼蛄为不完全变态，一年发生一代，以成虫或若虫越冬。第二年3～4月成虫开始为害麦冬。成虫多数夜间出土活动、取食或交配，有趋光性，喜飞，卵产于25～30cm深的土层中，卵期的半月若虫共5龄，分散活动和取食，经4个月变成成虫。产区对非洲蝼蛄的防治方法主要有以下几种。

人工捕杀：要经常检查麦冬地，发现麦冬苗倒伏时，扒开土搜捕幼虫。

加强田间管理：及时清除害虫藏身的枯枝杂草，并集中深埋或烧毁。

药剂防治：发现麦冬植株被害，可在麦冬田畦周围开3～5cm深沟，撒入毒饵诱杀。毒饵配制方法：将麦麸炒香作饵料，用90%晶体敌百虫30倍液将饵料拌潮，或将50kg鲜草切成3～4cm长的碎段，直接50%的辛硫磷乳油0.5kg拌匀，于傍晚撒在麦冬田诱杀。

（二）浙麦冬的栽培技术

1. 选地

宜选松、肥沃湿润、中性或微碱性、排水良好的砂质壤土栽培，土壤质地以粉砂轻壤土为好。凡地势低洼的易涝地不宜栽培。浙江麦冬多种植在钱塘江沿岸的微碱性冲积土中，在过砂、过黏或酸碱度过大的土壤中均生长不良，也不能重茬连作。浙麦冬连作不仅病虫害发生严重，而且使土壤变瘦，影响产量，同时应注意选择前茬作物，一般前茬作物有黄花苜蓿、油菜、萝卜、蚕豆、麦类等，以黄花苜蓿和蔬菜为最好。黄花苜蓿既可以作绿肥，也不会影响麦冬的按时栽种。

2. 整地

浙麦冬的须根发达，栽种地应深耕，耙细土块，做到表土疏松、细碎，畦面平整，以利浙麦冬根系伸展，充分吸收养料和水分。浙麦冬地一般宽1.5～2.0m，沟宽0.2m左右，要做到畦沟平直，流水畅通。套种的地块因无法翻耕，应在前茬作物下种前做到精耕细耙。

3. 栽培时期

浙麦冬习惯于立夏开始栽种，最迟到小满结束。这时正是棉花保苗季节，劳动力比较紧张，往往放松对麦冬的田间管理，因而影响麦冬产量。据试验，清明至谷雨栽种的麦冬，块根又长又粗，质量也好，单位面积产量比小满栽种的高得多，而且对当年起土的块根的折干率影响不大。因此将麦冬安排在清明至谷雨栽种，是提高麦冬产量经济而又有效的措施。

4. 栽培方法

浙麦冬栽种方法，产区主要采用小丛栽种的方法。小丛栽种的浙麦冬苗因剪去老根茎，对干旱的抵抗力减弱，栽种时应将种苗在水中浸一段时间，使其充分吸收水分，然后用刀或铲切开土壤，垂直栽至3～5cm的深度，以叶不展开

为度，再把苗两边的土踩实，使种苗稳固直立土中，做到地平苗正。种苗不能栽得过深，过深会变成高脚苗（俗称"二层楼"），块根长得少，也不能栽得过浅，过浅苗根露出土面不易成活。栽后及时浇水，使土壤和种苗茎部充分接触，以利成活。

栽麦冬时，若劳动力紧张，可进行"养苗"，即将处理好的麦冬种苗用稻草扎成小捆，放清水中浸泡使其吸足水分，取出竖立阴凉处，使种苗茎基着地，每天或隔天浇水，始终保持潮湿。但应注意"养苗"时间不能过长，以一周为宜。

5. 栽培密度

栽培浙麦冬，因收获年限不同，种植密度亦不相同。一般栽两年收获的浙麦冬，株距16cm，行距23cm，每窝8～10株。浙麦冬两年栽培的适宜密度组合为每亩种植1.1万～1.3万丛，每丛5～10株。这一密度能协调个体与群体的生长关系，使个体和群体的生产优势都能发挥。浙麦冬产量主要由密度因子中的亩种植丛数所决定，与每丛株数的关系较小。一般三年收获的浙麦冬，株距20～24cm，行距26～32cm，每窝栽苗10～12株；栽时同一丛苗基部要整齐排成形，垂直入土，深约4cm，然后将土压实，使种苗直立稳固，做到地平苗正。

6. 补苗

栽后7～15天，对全田进行检查，扶正倒苗，用同一品种补足缺苗和死苗，确保全苗。

7. 间作

浙麦冬有耐阴、忌高温的生长习性。因此，浙江产区药农采用间作其他作物的方法，以减少阳光对麦冬强烈的直射光照，既有利其生长，又能增加土地单位面积的收益。杭州、萧山等地夏季一般都在麦冬地间作西瓜，慈溪市则在麦冬种后第一年间种棉花、芥菜、洋葱，第二年间种西瓜、芥菜、红葱等，第三年间种一次西瓜。这样间种过多影响麦冬生长，造成产量不高。尤其是间种菜类（如芥菜、山东大白菜等）和棉花，比间种蚕豆、春玉米等减产12.4%～13.5%。由于一年四季连续间作影响麦冬的生长发育，第一年块根基本上没有形成，第二年才有部分块根膨大，直到第三年10月下旬至11月才形成较多的块根。若合理间作，在一般情况下，块根从当年10月下旬开始膨大，第二年块根继续增多膨大，因而产量较高。麦冬地间作夏玉米是药农增加粮食收入的一个重要途径，故提倡麦冬地合理间作。种足两年即收获的麦冬最好只间作一次夏玉米。

8. 施肥

浙麦冬生长期长，需肥大，除施足基肥外，还应及时追肥。追肥以氮、磷、钾配合的复合肥料为好。单施氮肥，植株苗叶生长旺盛，形成徒长，块根结得少；单施磷钾肥，叶色发黄，叶片短，叶尖灰褐色，叶基部黄褐色，亦影响麦冬生长。浙麦冬施肥一般应掌握施足基肥、早施发根肥、重施春秋肥几个环节。

（1）施足基肥　在整地时，施足基肥，再进行翻耕，把基肥翻到土中。一般每亩施堆肥1500～2000kg，厩肥1000～1500kg，磷矿粉100～150kg，或在移栽浙麦冬前每穴施过磷酸钙，用手将其与土拌和后再种浙麦冬。

（2）早施发根肥　浙麦冬栽后半个月左右开始返青，一个月后开始发根，这时应及时施肥，以促进早发根，多发根，早分蘖，快生长。每亩施充分腐熟的人畜粪尿15担，过磷酸钙7kg，7月每亩再施充分腐熟的人畜粪尿25担和过磷酸钙15kg。

（3）重施春秋肥　春、秋两季既是块根膨大和根状茎（地下走茎）伸长时期，同时又是分蘖旺盛时期，在此时期应适量施磷钾肥。一般在3月和9月结合中耕除草分别进行追肥，每亩可施人粪尿30担左右，过磷酸钙75kg，或施用经水发酵的饼肥50～100kg。每年11月，每亩施人粪尿40～50担，草木灰150～200kg，以增强麦冬的抗寒性，有利植株的生长与越冬。

9. 中耕除草

由于浙麦冬植株低矮，麦冬地里容易滋生杂草，杂草既消耗养料，又影响麦冬生长。因此，一般每年要除草3～4次。除草最好结合追肥进行，以利麦冬生长。5～7月，天气较热，杂草长势旺，要抓紧除草，并应选择在晴天进行。入冬以后，杂草生长慢，可少除草或不除草。刚下过雨或霜冻时，不要除草，以免踏实土地，影响麦冬的生长和块根的膨大。

10. 排灌水

浙麦冬喜较湿润土壤，生长时期需水较多，特别在栽种后应及时浇足水。有条件的地区可用滴灌，保持土壤湿润，以利麦冬苗成活，并使其早发根。7月以后气候炎热，土壤水分蒸发量大，要抓紧灌水，以促进根的生长。

在雨水多的季节或突发大水，应按照水流方向及时挖排水沟，排水。

11. 病虫害防治

浙麦冬的主要病害有黑斑病、炭疽病和根结线虫病，主要虫害有蛴螬、非洲蝼蛄等。浙麦冬病虫害防治遵循"预防为主、综合防治"的植保方针，从整个生态系统出发，综合运用各种防治措施，创造不利于病虫害发生和有利于各类天敌繁衍的环境条件，保持生态系统的平衡和生物的多样性，将各类病虫害控制在经济阈值以下，将农药残留降低到规定标准范围内。

病害黑斑病、根结线虫病，虫害蛴螬、蝼蛄同川麦冬病虫害防治相同。以下介绍浙麦冬炭疽病的发病症状和防治方法。

炭疽病是浙麦冬较为严重的病害，降雨即环境湿度大的情况下常发生该病害。常表现为叶腐，暖冬气候可能会加重病害的发生，而多雨则为炭疽病的发生蔓延提供了极其有利的条件。可采用25%炭特灵可湿性粉剂500倍液、80%炭疽福美可湿性粉剂800倍液、50%施保功可湿性粉剂1000倍液、40%拌种双可湿性粉剂500倍液进行防治。

浙麦冬生产中禁止使用的农药：六六六、滴滴涕、毒杀芬、二溴氯丙烷、杀虫脒、二溴乙烷、除草醚、艾氏剂、狄氏剂、汞制剂、砷、铅类、敌枯双、氟乙酰胺、甘氟、毒鼠强、氟乙酸钠、毒鼠硅、甲胺磷、甲基对硫磷、对硫磷、久效磷、磷胺、甲拌磷、甲基异柳磷、特丁硫磷、甲基硫环磷、治螟磷、内吸磷、克百威、涕灭威、灭线磷、硫环磷、蝇毒磷、地虫硫磷、氯唑磷、苯线磷，磷化钙，磷化镁，磷化锌，硫线磷，氟虫腈等，以及国家规定禁止使用的其他农药。

三、采收与产地加工技术

1. 川麦冬采收与产地加工技术

川麦冬在栽后的第二年4月，清明节至谷雨节收获（图3-8）。

图3-8　川麦冬采收

收获时选晴天用锄或犁翻耕26~27cm深，使麦冬全株露出土面，抖去根部泥土，用刀切下块根和须根（图3-9）。注意将块根两端的细根保留约1cm长。

将切下的川麦冬块根放入箩筐置于流水中，用脚踩洗，洗净泥沙运回加工。或者用机器洗（图3-10）。从剪下块根的苗子中选出的好种苗，另外存放。

图3-9　切下的川麦冬块根　　　　图3-10　川麦冬机器清洗

将洗净的块根放在晒席或晒场上暴晒，待块根干燥度达70%时用手轻搓（俗称"断水"），搓后再晒，晒后再搓，反复几次，直至搓掉须根为止（图3-11）。块根经过无硫干燥后，再用筛子筛（图3-12）或风车吹，去掉须根和杂质，即可作为商品出售。

图3-11　川麦冬无硫干燥　　　　　图3-12　川麦冬筛子筛分级

在麦冬收获加工过程中，即在挖苗、剪块根、淘洗、晒、揉等操作过程中，应特别注意不损伤块根，否则会出现"乌花"现象（俗称"乌花麦冬"），即麦冬中部或两头呈红褐、黑褐或灰黑色，使商品等级降低。据调查，形成乌花麦冬的原因主要有以下几个方面：在挖、剪、淘、晒、揉、搓等过程中，方法不当，用力过大，损伤了块根表皮及内部组织；病虫对块根的危害；收获时连续阴雨，堆放时间过长。

川麦冬产品力求干燥、无泥、无杂质、无须根、米白色、柔润、无霉变、无虫蛀，用木箱或麻袋装好存放干燥处，防止块根受潮霉变或虫蛀。

川麦冬的商品（图3-13）一般分为3个等级。一等：干货。呈纺锤形半透

明体。表面淡白色，木质心细软。味微甜，嚼之少黏性。每50g 190粒以内，无

须根、乌花、油粒、杂质、霉变。

二等：干货。呈纺锤形半透明体。表面淡白色。断面淡白色。木质心细

软。味微甜，嚼之少黏性。每50g 300粒以内。无须根、乌花、油粒、杂质、

霉变。

三等：干货。呈纺锤形半透明体。表面淡白色。断面淡白色。木质心细

软。味微甜，嚼之少黏性。每50g 300粒以外，最小不低于麦粒大。间有乌花、

油粒不超过10%，无须根、杂质、霉变。

图3-13　川麦冬药材商品

2. 浙麦冬采收与产地加工技术

浙麦冬在栽后第三或第四年4月中旬至5月上旬（即生长2～3足年）收获。收获时间应选在晴天，用四齿铁耙从畦的一端开始逐丛掘起，除去根部泥土，手拿叶丛，用刀或菜刀将块根和须根切下，装入箩筐内，放在水中洗去泥土，至块根洁白后捞起。将它们摊放在晒具上晾晒3～5天后，根由软变硬逐渐干燥，就将块根堆放箩筐内闷放2～3天，然后再翻晒3～5天，翻晒时要经常翻动，以利于干燥均匀。翻晒3～5天后再堆闷3～4天，再晒3～5天，这样反复3～4次，在块根干燥度达到70%左右时，剪去须根，晒至全干。近年来，为了防止在加工时遇到阴天雨天，一些地方采用火炕烘干的方法。烘时温度以40～50℃为宜，温度不能太高，一般分两次烘，第一次烘15～20小时后下炕放几天，第二次再烘至全干。

对浙麦冬商品的品质规格要求是干燥，具油性糖质，呈半透明，状如梭形，外皮黄白或灰白色，内淡白色，无须根、杂质和霉变。

浙麦冬分为3个等级。一等：干货，呈纺锤形半透明体，表面黄白色。质柔韧。断面牙白色，有木质心。味微甜，嚼之有黏性。每50g 150粒以内。无须根、油粒、烂头、枯子、杂质、霉变。

二等：干货。呈纺锤形半透明体。表面黄白色，质柔韧，断面牙白色，有木心。味微甜。嚼之有黏性。每50g 280粒以内。无须根、油粒、枯子、烂头、杂质、霉变。

　　三等：干货。呈纺锤形半透明体。表面黄白色。质柔韧。断面牙白色，有木质心。味微甜，嚼之有黏性。每50g 280粒以外，最小不低于麦粒大。油粒、烂头不超过10%。无须根、杂质、霉变。

第4章

麦冬的特色
适宜技术

一、川麦冬的特色适宜技术

1. 范围

本技术适宜于四川省涪江流域绵阳市三台县永明镇、花园镇、芦溪镇、刘营镇、灵兴镇、新德镇、老马乡、里程乡、争胜乡9个乡镇及相邻县生态相似气候区川麦冬的田间生产过程，包括术语定义、产地生态环境、栽培管理技术、采收与采后处理、商品麦冬质量要求、包装、标志、运输、贮存等内容。

2. 规范性引用文件

下列文件所包含的条款，通过在本标准中引用而构成为本标准的条款。凡注日期的引用文件，仅注日期的版本适用于本文件。凡是不注日期的引用文件，其最新版本（包括所有的修改单）适用于本文件。

GB 3095《环境空气质量标准》

GB 5084《农田灌溉水质量标准》

GB 15618《土壤环境质量标准》

GB 8321《农药合理使用准则》（使用全部）

DB 51/338《无公害农产肥料使用准则》

《中华人民共和国药典》（一部）2015年版

3. 术语定义

下列术语的定义适用于本适宜技术。

麦冬：麦冬为百合科沿阶草属植物麦冬*Ophiopogon japonicus*（L.f.）Ker-Gawl. 的干燥块根。

寸冬：指药材块根长度不低于33.33mm（1寸）的优质商品麦冬。

轮作：指在一定年限内，同一块土地上不同作物按预定要求轮换种植的种植制度。

间作：指在同一地块上，在主要作物的行间种植另一种作物的种植制度。

乌花：麦冬在采收过程中被硬器碰伤的痕迹。

油粒：表面出现泛糖现象的麦冬。

4. 产地生态环境

（1）气候条件　麦冬适宜亚热带湿润季风型气候。年平均气温16～17℃，年均日照时数≥1260小时，年均降雨量850～900mm，年均无霜期≥275天。

（2）土地条件　土壤质量应符合GB 15618标准的规定。以海拔＜500m的江河沿岸，地下水位在50cm以下的一、二级阶地为宜。选灌排方便、疏松湿润、土质肥沃、土层深厚、pH值7.0～8.0的中性或微碱性的潮沙泥土、潮泥土、潮沙土为佳。忌连作，要实行轮作。

（3）大气和水质条作　水质和大气质量应符合GB 5084和GB 3095标准的规定。

（4）种植地　种植地相对集中成片。

5. 栽培管理技术

（1）种苗品种　宜选直立型川麦冬和宽短叶匍匐型川麦冬作栽培良种。

（2）繁殖材料

①种苗要求：选择生长健壮、无病虫害的优质种苗用于生产。

②种苗分级标准：川麦冬种苗分为三级，其中以一级和二级种苗为栽培用优质种苗（表4-1）。

表4-1　川麦冬种苗分级标准

种苗分级	种苗高度（cm）	种苗颜色	病虫害（+、-）	每苗蘖数（指收获时苗蘖数）	种苗特征
一级	20~30	深绿色	-	4~5	叶较紧密，苗基硬，切根后显菊花心
二级	20~30	深绿色	-	1~3	叶较紧密，苗基硬，切根后显菊花心
三级	20~30	深绿色	-	大于5	叶较紧密，苗基硬，切根后显菊花心

③种苗的培育：分株繁殖法。

选苗：在收获麦冬时选颜色深绿而健壮的直立型川麦冬和宽短叶匍匐型川麦冬品种的植株作为种苗。

切苗：将选好的种苗剪去块根，切去下部根状茎和须根后，保留1cm以下的茎节，以叶片不散开，根状基茎横切面呈现白色放射状花（俗称"菊花心"）为佳。将切好的合格种苗清理整齐后，用稻草扎成直径50cm的捆子，并及时栽种。

养苗：如不能及时栽种，必须"养苗"。即把种苗放在阴湿处的疏松土壤上，种苗茎基部周围用细土护苗。种苗根部保持湿润，养苗时间不应超过7天，必须保持土壤湿润。

（3）种苗定植

①栽种期：4月5日至4月20日，最迟不超过4月底，选阴天栽种为宜。

②基肥：每亩使用优质农家有机肥3000～5000kg、腐熟油枯50～100kg，川麦冬优化配方肥（底肥型）70kg，全层施用，肥料与土壤混合均匀。

③精细整地：耕地深度以20～30cm为宜，翻耕土壤，锄净田间杂草、石块和前作根茎，耙细整平。

④种植规格：每亩种植密度为6.0万～7.0万苗，用麦冬专用打窝机打窝后栽种，或开沟栽，或撬窝栽都可以。株行距10cm×10cm，或沟距12～13cm，株距8～9cm，栽植深度以3～4cm为宜。

⑤栽种方法：平地栽种。每窝栽一个分蘖。栽植种苗时，种苗应垂直紧靠窝壁或沟壁，窝栽或排栽于沟内，覆盖细土，用脚夹紧种苗，依次踩实，使种

苗直立稳固，做到地平苗正。

⑥灌透定根水：栽完后应立即灌水，以水淹种苗高度5cm左右为宜。栽后干旱应及时浇水，保持土壤湿润。栽苗10～15天后，苗色转青、日晒不萎即表明栽种麦冬苗已发新根成活。

⑦查苗：栽植灌水后至种苗返青期间，检查有无翻兜缺窝种苗和枯死种苗。选择阴天，用同品种的同级种苗及时补植，以确保全苗。

（4）间作和轮作

①间作：麦冬宜与玉米、大蒜间作。主要间作模式有：麦冬与玉米间作、麦冬与夏玉米和大蒜间作。

②轮作：麦冬宜与禾本科作物轮作，其中与水稻轮作最佳，切忌与烟草、紫云英、豆角、瓜类、白术、丹参等作物轮作。主要轮作模式有：苕子（绿肥）—麦冬—水稻；水稻—蔬菜—麦冬—秧田；马铃薯—麦冬—秧田或水稻；水稻—早熟油菜—麦冬—秧田或水稻。

（5）田间管理

①适时灌溉：灌溉水应符合GB 5084标准的规定。麦冬生长期需要充足的水分，尤其在栽后和块根形成期，不能缺水，必须及时灌水。保持土壤湿润。遇春旱和夏旱应及时灌水，切忌土壤干裂，气温高时应缓慢浸灌，不能过急淹水。

②浅中耕：7～8月和9～10月，用特制钉耙浅中耕2次疏松土壤，中耕深度<3cm为宜，以不伤根和植株为宜。

③及时锄草：勤锄田间杂草，保持田园清洁。一般栽种麦冬种苗后，每15天左右除草一次，5～12月，每月需锄草1～2次；1～2月不宜锄草。

④巧施追肥：宜选用DB 51/338标准中允许使用的肥料种类。麦冬需肥的N：P_2O_5：K_2O适宜比例为1.00：0.52：0.94。

施足提苗促根肥：间作玉米抽穗前5～7天，每亩施稀人畜粪水4000～5000kg，尿素10kg。

第二次提苗促根肥：间作玉米收获后，每亩稀人畜粪水2000～2300kg，川麦冬优化配方肥（追肥型）35kg，淹水均匀施用。

块根膨大肥：9月中下旬，每亩施稀人畜粪水2000～2500kg，川麦冬优化配方肥（追肥型）35kg，淹水均匀施用。

第二次块根膨大肥：翌年2月上旬，每亩施稀人畜粪水4000kg，间隔10天，每亩用磷酸二氢钾2.5kg，兑水50倍叶面喷雾。

（6）病虫害防治　麦冬的主要病害有根结线虫病和根腐病；主要虫害是蛴螬。

①农业防治：建立无病良种田，培育抗病虫的优良品种，选用无病虫害的健壮种苗。合理间作和轮作，尤其要与禾本科作物轮作或水旱轮作。选择排灌

方便、土壤肥沃疏松的地块种植。加强水肥管理，及时排除田间积水和中耕除草。蛴螬6~8月盛发期分别连续三次淹水。收获后及时清除田间病叶残株及杂草，集中烧毁或沤肥、麦冬地周围不栽种麻柳树、核桃树等。

②物理防治：用频振灯诱杀成虫；麦冬连作地翻耕整地时人工捕捉幼虫或放鸡啄食。

③生物防治：积极推广植物源农药、微生物农药和农用抗生素等生物制剂防治病虫害。

④化学防治：加强病虫害的预测预报，及时掌握病虫害发生动态。选用高效、低毒、低残留化学农药，采用适当的方式和器械进行防治。严格按照GB 8321标准规定执行。川麦冬常见主要病虫害防治技术（表4-2）。

表4-2 川麦冬生产要病虫害防治方法

病虫害名称	防治适期	推荐药剂	使用量	施用方法
根结线虫病	7月	40%辛硫磷乳油	2.5ml/m²	兑水2kg/m²，阴天灌根
根腐病	移栽前	木霉菌	3.0kg/667m²	拌细土均匀施入沟底，施药后移栽
蛴螬	7月中下旬	50%辛硫磷乳油	0.5kg/667m²	兑水每亩500~1000kg阴天灌根

6. 采收与产地初加工

（1）适期采收　栽后的第二年3月底至4月上中旬选晴天收获。

（2）采收方法　沿麦冬行间、用锄或犁翻耕土壤，深度25～28cm，使麦冬全根露出土面，抖去根部泥土，剪下块根，块根两端的细根保留长度以1cm为宜。将带泥块根放入箩筐中，置于流水中淘洗后，将洗净块根运回加工。收获时如遇连阴雨，块根宜堆放在通风透气的室内，堆放厚度＜20cm，堆放时间不宜超过7天。

（3）产地初加工　将洗净的块根放在晒席或晒场上曝晒，待块根70%左右干燥时，用手轻揉块根（断水），搓揉块根后再晒，晒后再搓揉，反复4～5次，直至搓去须根为止。干燥后，再用筛网或木制风车分选块根，去掉碎根、须根和杂质，选出有病、虫害块根。

（4）注意事项　在麦冬采收和产地加工（如：起苗、剪块根、掏洗、晾晒、揉搓等）操作过程中，不能损伤块根，否则会出现"乌花麦冬"劣质商品。

（5）采后处理

①清洁处理：麦冬采收后应及时清洁田园。

②地上部分处理：地上部分植株除选择健壮植株留作种苗外，病虫危害的植株集中销毁处理，其他植株可用作绿化或饲料或用于沼气发酵材料。

③须根和碎根处理：须根和碎根可用作资源综合利用的原料。

7. 商品麦冬质量要求

（1）性状要求 商品川麦冬以干燥、米白色、柔润和无泥土、杂质、须根、霉变，虫蛀的商品为合格，以颗粒大、饱满、米白色、皮细、木心细、味微甜、嚼之发黏、无乌花、油粒的最佳。

（2）含水量 商品麦冬的安全含水量不得超过12%。

（3）商品等级 川麦冬商品，按50g块根粒数，一般分为3个等级，见表4-3。

表4-3 川麦冬商品分级标准

项目	等级		
	一级	二级	三级
外观	呈纺锤形，颗粒肥大，两端略尖，质柔韧，木质心细软		
大小	大小均匀，每50g 180粒以内	大小均匀，每50g 260粒以内	大小均匀，每50g 400粒以内
色泽	半透明，有光泽，表面淡黄白色，断面乳白色		
滋味	嚼之有黏性，甘、微苦		
杂质	无乌花、油粒	乌花、油粒≤3%	乌花、油粒≤10%

（4）理化指标 理化指标应符合表4-4的规定。

表4-4　川麦冬质量的理化指标要求

单位：%

项目	指标
水分	≤18.0
浸出物	≥65.0
总糖（以蔗糖计）	≥25.0
总灰分	≤4.0
酸不溶性灰分	≤0.5

（5）安全质量指标　安全质量指标应符合表4-5的规定。

表4-5　重金属及其他有害物质限量指标

项目		指标
重金属含量	铅（Pb）（mg/kg）	≤5.0
	镉（Cd）（mg/kg）	≤0.3
	砷（As）（mg/kg）	≤2.0
	汞（Hg）（mg/kg）	≤0.1
	铜（Cu）（mg/kg）	≤20.0
农药残留限量	六六六（BHC）（mg/kg）	≤0.1
	滴滴涕（DDT）（mg/kg）	≤0.1
	五氯硝基苯（PCNB）（mg/kg）	≤0.1
	多效唑（mg/kg）	≤0.5
	辛硫磷（mg/kg）	≤0.05
有害物质限量	二氧化硫残留量（以SO_2计）（g/kg）	≤0.1

注：凡国家禁止使用的农药不得检出，其他未列项目按国家相关规定执行。

8. 包装、标志、运输、贮存

（1）包装　容器可选用干燥、清洁、无异味以及不影响品质的木箱或纸箱，内用无毒塑料袋密封，存放干燥处，防止块根受潮霉变或虫蛀。

（2）运输　运输工具必须清洁、干燥、无异味、无污染，严禁与可能造成污染的货物混装运输。

（3）贮存　商品川麦冬宜存放在清洁、干燥、阴凉、通风、无异味的专用仓库中，仓库内温度控制在25℃以下，相对湿度不得高于70%。

二、浙麦冬的特色适宜技术

1. 范围

本技术适宜于浙江省钱塘江流域慈溪、杭州、萧山及相邻生态相似气候区浙麦冬的田间生产过程，包括术语和定义、产地环境、种苗、种植、收获与产地加工、质量要求、标识、标签、包装、运输与贮存及档案管理内容。

2. 规范性引用文件

下列文件所包含的条款，通过在本标准中引用而构成为本标准的条款。凡注日期的引用文件，仅注日期的版本适用于本文件。凡是不注日期的引用文件，其最新版本（包括所有的修改单）适用于本文件。

GB 3095《环境空气质量标准》

GB 5084《农田灌溉水质量标准》

GB 15618《土壤环境质量标准》

GB 8321《农药合理使用准则》（使用全部）

GB/T 191《包装储运图示标志》

GB 7718《食品安全国家标准 预包装食品标签通则》

DB 51/338《无公害农产肥料使用准则》

《中华人民共和国药典》（一部）2015年版

3. 术语和定义

下列术语和定义适用于本适宜技术。

浙麦冬：产自浙江省适宜生态区的道地药材，生长周期为2年以上，原植物为百合科沿阶草属植物麦冬*Ophiopogon japonicus*（L.f.）Ker–Gawl. 的干燥块根。药材性状呈纺锤形半透明体，表面黄白色或淡黄色，质柔韧，断面黄白色，半透明，中柱细小，气微香，味甘、微苦。

4. 产地环境

（1）产地选择　应选择生态条件良好、远离污染源、土层较深、排水良好、地下水位低、疏松肥沃、有夜潮性、偏微碱性、含盐量0.2%以下的壤土或砂质壤土。

（2）空气　符合GB 3095规定的二级标准。

75

（3）水质　符合GB 5084规定的旱作农田灌溉水质量标准。

（4）土壤　符合GB 15618规定的二级标准。

5. 种苗

（1）种苗要求　麦冬采收时，应选择二至三年生生长健壮、株矮、叶色黄绿、青秀、单株绿叶数15～20叶，根系发达，根茎粗0.5～0.8cm、块根多而大、饱满的无病虫植株。

（2）种苗处理　从种苗基部剪下叶基和老根茎基，留下长 2～3cm 的茎基，以根茎断面出现白色放射菊花心，叶片不散开为度，同时将叶片长度剪至5～10 cm，再"十"字形或"米"字形切开分成（4～6）种植小丛，每小丛留苗10～15个单株。竖放在荫蔽处，四周覆土保护进行养苗。

6. 种植

（1）选地整地　起沟整平作畦，阔畦宽180～200cm，窄畦宽120～130cm，畦间沟宽为25～30cm，沟深为20～25cm。

（2）移栽

①移栽时间：宜在4月上中旬至6月初。

②种植密度：行距 35～40cm，丛距25～40cm。

③种植方法：种植时采用边开穴边栽苗的方法，将苗垂直放入穴内3～5cm深，然后两边用土踩紧，种苗应稳固直立土中，达到地平苗正。每穴栽

10～15株。

④浇定根水：栽后浇水一次，浇水应浇透。

（3）施肥

①基肥：结合深耕，每亩施1500～2000kg 的农家肥和过磷酸钙50kg铺施畦面做基肥，深耕25～35cm，耙细整平。

②移栽当年追肥：移栽当年，5月下旬至6月初，每亩浇施尿素5kg；9月中下旬，每亩浇施氮磷钾复合肥 20～30kg。

③移栽二、三年追肥：移栽后第二、三年，每年施肥三次。第一次在 2 月下旬至 3 月初，每亩浇施尿素5.0～7.5kg加过磷酸钙20kg。第二次在8月下旬，每亩浇施尿素5.0～7.5kg加硫酸钾 10～15kg。第三次在9月中下旬，每亩浇施氮磷钾复合肥30～50kg。

（4）中耕除草　结合施肥、松土进行除草，松土深度 2～5cm。

（5）排灌水　移栽后及夏秋季，遇干旱天气，及时浇水抗旱。遇多雨季节，立即清沟排除积水。

（6）病虫害防治

①防治原则：遵循"预防为主、综合防治"的植保方针，从整个生态系统出发，综合运用各种防治措施，创造不利于病虫害发生和有利于各类天敌繁衍的环境条件，保持生态系统的平衡和生物的多样性，将各类病虫害控制在经济

阈值以下，将农药残留降低到规定标准范围内。

②主要病虫害：主要病害有黑斑病、炭疽病和根结线虫病；主要虫害有蛴螬、蝼蛄等。

③农业防治：采用轮作模式、及时清沟排水、拔除病株、摘除病叶、人工捕杀地下害虫等措施。

④化学防治：黑斑病用甲基托布津防治；炭疽病用吡唑醚菌酯防治；根结线虫病用克线磷防治；蛴螬和蝼蛄用辛硫磷防治。具体化学防治参见表4-6。

表4-6　浙麦冬建议使用农药及安全间隔期

农药名称	防治对象	制剂、用药量（以标签为准）	每季最多使用次数	安全间隔期（天）
多菌灵	黑斑病	50%可湿性粉剂1000～1500倍	2	20
甲基硫菌灵	黑斑病	50%可湿性粉剂1000倍	2	30
辛硫磷	蛴螬、蝼蛄、根结线虫病	50%乳油1000～1500倍浇灌	1	10
吡唑醚菌酯	炭疽病	25%乳油2500倍液	3	10
代森锰锌	黑斑病	70%可湿性粉600～1500倍	2	10
敌百虫	蛴螬、蝼蛄	90%晶体1000倍浇灌或亩用75～100g加茶籽饼4～6kg诱杀	1	7

7. 收获与产地加工

（1）收获　在移栽后第三年或第四年起土收获，以5月上旬至5月下旬采收为宜。选晴天，将丛掘起，去净泥土，用刀斩切下带须块根，清洗干净。

（2）产地加工　将洗净的块根摊薄在塑料网片或水泥晒场上，在烈日下曝晒，上、下午各翻动一次。连晒3～5天，以手感须根发硬为度，随后在室内堆闷2～3天至须根变软时进行第2次晒，连晒3～4天，至须根发硬再按上法堆闷，待须根再次发软时，进行第3次晒，以须根发脆为度，再堆闷至须根再次发软，将两端的须根剪下，后再复晒1次至干燥，除去杂质，即成商品。

8. 质量要求

（1）要求

①药材性状：本品呈纺锤形，两端略尖，长为1.5～3cm，直径为0.3～0.6cm。表面黄白色或淡黄色，有细纵纹。质柔韧，断面黄白色，半透明，中柱细小。气微香，味甘、微苦。

②性状鉴别：本品横切面：表皮细胞1列或脱落，根被为3～5列木化细胞。皮层宽广，散有含草酸钙针晶束的黏液细胞，有的针晶直径至10μm；内皮层细胞壁均匀增厚，木化，有通道细胞，外侧为1列石细胞，其内壁及侧壁增厚，纹孔细密。中柱较小，韧皮部束16～22个，木质部由导管、管胞、木纤维以及内侧的木化细胞连接成环层。髓小，薄壁细胞类圆形。

③理化鉴别：取本品2g，剪碎，加三氯甲烷-甲醇（7：3）混合溶液20ml，浸泡3小时，超声处理30分钟，放冷，滤过，滤液蒸干，残渣加三氯甲烷0.5ml使溶解，作为供试品溶液。另取麦冬对照药材2g，同法制成对照药材溶液。照

薄层色谱法试验按《中华人民共和国药典》2015年版（四部）通则0502执行，吸取上述两种溶液各6µl，分别点于同一硅胶GF254薄层板上，以甲苯–甲醇–冰醋酸（80∶5∶0.1）为展开剂，展开，取出，晾干，置紫外光灯（254nm）下检视。供试品色谱中，在与对照药材色谱相应的位置上，显相同颜色的斑点。

④质量等级指标：浙麦冬商品外观质量等级要求见表4-7。

表4-7　浙麦冬商品外观质量等级划分

项目/等级	一等	二等	三等
外观	纺锤形半透明体，表面黄白色，质柔韧；断面牙白色，有木质心；味微甘，嚼之有黏性；无须根、杂质、霉变		
只数（/100g）	≤300	≥300，≤560	≥3560，最小不能小于麦粒大
有无油粒、烂头	无	无	有，油粒，烂头不超过10%

⑤理化指标：理化指标应符合表4-8。

表4-8　浙麦冬质量的理化指标要求

单位：g/100g

项目	指标
水分	≤18.0
总灰分	≤5.0
浸出物	≤60.0
总皂苷	≤0.12

⑥重金属及其他有害物质限量指标：重金属及其他有害物质限量指标见表4-9。

⑦农药残留限量指标：农药残留限量指标见表4-10。

表4-9　重金属及其他有害物质限量指标

单位：mg/kg

项目	指标
铅	≤5.0
镉	≤0.3
砷	≤2.0
汞	≤0.2
铜	≤20.0
二氧化硫	≤150

注：铅、镉、砷、汞和铜限量参考W/MT2《药用植物及制剂外经贸绿色行业标准》，二氧化硫限量参考《中国药典》2015年版。

表4-10　农药残留限量指标

单位：mg/kg

项目	指标
总六六六（HCH）	≤0.2
总滴滴涕（DDT）	≤0.2
五氯硝基苯（PCNB）	≤0.1

注：浙麦冬种植过程禁止使用的农药：六六六、滴滴涕、毒杀芬、二溴氯丙烷、杀虫脒、二溴乙烷、除草醚、艾氏剂、狄氏剂、汞制剂、砷、铅类、敌枯双、氟乙酰胺、甘氟、毒鼠强、氟乙酸钠、毒鼠硅、甲胺磷、甲基对硫磷、对硫磷、久效磷、磷胺、甲拌磷、甲基异柳磷、特丁硫磷、甲基硫环磷、治螟磷、内吸磷、克百威、涕灭威、灭线磷、硫环磷、蝇毒磷、地虫硫磷、氯唑磷、苯线磷、磷化钙、磷化镁、磷化锌、硫线磷、氟虫腈等，以及国家规定禁止使用的其他农药。

9. 标识、标签、包装、运输与贮存

（1）标识、标签

①标识：运输包装箱的图示标识应符合 GB/T 191规定。

②标签：标签应符合 GB 7718的规定。标签应标明产品名称、生产单位、地址、生产日期、批号、质量 等级、保质期、净含量、产品标准号和商标等内容。

（2）包装　包装采用清洁、无毒、无异味的麻袋、编织袋等材料。

（3）运输　应采用无污染的交通运输工具，不应与其他有毒有害物质混装混运。应有防雨、防潮措施。

（4）贮存　贮存仓库应清洁、干燥、避光、无异味、无污染，且有防鼠、虫、禽畜等措施。应存放在货架上，与墙壁保持足够的距离，防止虫蛀、霉变、腐烂、并定期检查。

10. 档案管理

生产单位应保存完整、真实的产地环境质量资料、生产管理记录。生产管理记录包括投入品的品种、来源、数量、购买时间与地点、用法、使用时间，种植管理操作的时间、方法，收获与初加工的时间、方法、操作人员等。档案保存不少于2年。

第5章

麦冬药材
质量评价

一、本草考证与道地沿革

1. 麦冬的名称及基原考证

麦冬又名麦门冬，为我国传统的大宗常用中药材，在国内外享有盛誉。麦门冬始载于《神农本草经》，历代本草均有记述。《吴普本草》："麦门冬，生山谷肥地，叶如韭，肥泽丛生，采无时。实青黄。"《名医别录》："麦门冬，叶如韭，冬夏长生，生函谷川谷及堤坂肥土石间久废处。二月、三月、八月、十月采，阴干。"陶弘景："函谷即秦关，而麦门冬异于羊韭之名矣，处处有，以四月采。冬月作实如青珠，根似穬麦，故谓麦门冬，以肥大者为好。"《本草拾遗》："麦门冬，出江宁，小润；出新安，大白。其大者苗如鹿葱，小者如韭菜。大小有四种，功用相似，其子圆碧。"《本草纲目》："麦门冬，古人惟用野生者，后世所用多是种莳而成。其法四月初采根，于黑壤肥沙地栽之，每年六月、九月、十一月三次上粪及芸灌，夏至前一日取根洗晒收之。其子亦可种，但成迟尔。浙中来者甚良，其叶似韭而多纵文，且坚韧为异。"《增订伪药条辨》："按麦门冬，出杭州笕桥者，色白有神，体软性糯，细长皮光洁，心细味甜为最佳。安徽宁国、七宝，浙江余姚出者，名花园子，肥短体重，心粗，色白带黄，略次，近时市用，以此种最多。四川出者，色呆白短实，质重性粳，亦次。湖南衡州、耒阳县等处亦出，名采阳子，中匀，形似川子，亦不道地。

大者曰提青，中者曰青提，小者曰苏大、曰超级大等名目，以枝头分大小耳。"

宋代《本草图经》始有较为详细的植物形态和生境的记述，云："麦门冬，生函谷川谷及堤肥土石间久废处，今所在有之。叶青似莎草，长及尺余，四季不凋。根黄白色，有须根作连珠，形似麦颗，故名麦门冬。四月开淡红花，如红蓼花。江南出者，叶大者苗如鹿葱，小者如韭，大小有三四种，功用相似，或云吴地者尤胜。二月、三月、八月、十月采，阴干。"从有关麦冬植物形态、生境、花期等的描述来看，与现今百合科植物沿阶草属及山麦冬属相似。明李时珍曰："此草根似麦而有须，其叶如韭，凌冬不凋，故谓之麦门冬。"又云："古人唯用野生者。后世所用多是种莳而成。浙中来者甚良，其叶似韭多纵文且坚韧为异。"本草所述来自浙中，叶如韭的麦冬，与今所用麦门冬 *Ophiopogon japonicus*（L.f.）Ker-Gawl. 相符，与国家药典收载的品种相近。《植物名实图考》收载的麦冬，与《本草纲目》所载相似。

2. 麦冬的产地考证

经查证中国宋代地图册，考察《证类本草》中"睦州"和"随州"所在地的历史沿革，宋代的"随州"即是今湖北省随州市，与现湖北麦冬主要产区襄阳市毗邻，说明襄阳市及周边地区自古便是湖北麦冬的主产区，历史悠久；"睦州"即是今浙江省淳安、建德一带，与麦冬是"浙八味"之一相吻合。《证类本草》所记述随州与现今湖北麦冬主产地襄阳同属于滚河流域，睦州与现今杭

麦冬产地同属于富春江、桐江流域。由此可见，宋代随州、睦州出产的麦冬在全国已有一定地位。杭州正式成为麦冬的道地产区可能与宋室南渡有关，《咸淳临安志》卷五十八物产类药物条下、吴自牧《梦粱录》卷十八记临安（浙江杭州）产出药品皆有麦门冬。而成书于南宋嘉定十三年（公元1220年）的杭州地方本草《履巉岩本草》卷上有载麦门冬，郑金生先生据药图推测为麦冬*Ophiopogon japonicus*（L.f.）Ker-Gawl.。

川麦冬栽培历史悠久，据清同治十一年（公元1873年）《绵州志》记载："麦冬，绵州城内外皆产，大者长寸许为拣冬，中色白力较薄，小者为米冬，长三四分，中有油润，功效最大同。"《三台县志》记载："清嘉庆十九年公元1814年，已在园河（今花园镇）、白衣淹（今光明乡）广为种植。"至今仍为著名的川产道地药材之一。

从历代本草记述来看，麦门冬的别名虽多，但并未流传成常用名。药材名只有"麦冬"和"麦门冬"。根据本草记载的麦门冬主要产地、原植物的形态特征和药用情况，可以初步推断历代本草记载的麦冬主要产于我国四川绵阳、浙江建德及周边地区。

二、药典标准

新中国成立后的1953年版《中国药典》没有收载麦冬；1963年版药典收录

麦门冬来源于沿阶草*Ophiopogon japonicus* Ker–Gawl.；1977～2005年版药典收载麦冬来均源于麦冬*Ophiopogon japonicus*（Thunb.）Ker–Gawl.；2010～2015版药典收录麦冬均来源于麦冬*Ophiopogon japonicus*（L.f.）Ker–Gawl.，来源均一致。

1. 来源

本品为百合科植物麦冬*Ophiopogon japonicus*（L.f.）Ker–Gawl. 的干燥块根。夏季采挖，洗净，反复暴晒、堆置，至七八成干，除去须根，干燥。

2. 性状

本品呈纺锤形，两端略尖，长1.5～3cm，直径0.3～0.6cm。表面淡黄色或灰黄色，有细纵纹。质柔韧，断面黄白色，半透明，中柱细小。气微香，味甘、微苦。

3. 鉴别

（1）显微鉴别　本品横切面：表皮细胞1列或脱落，根被为3～5列木化细胞。皮层宽广，散有含草酸钙针晶束的黏液细胞，有的针晶直径至10μm；内皮层细胞壁均匀增厚，木化，有通道细胞，外侧为1列石细胞，其内壁及侧壁增厚，纹孔细密。中柱较小，韧皮部束16～22个，木质部由导管、管胞、木纤维以及内侧的木化细胞连接成环层。髓小，薄壁细胞类圆形。

（2）化学鉴别　取本品2g剪碎，加三氯甲烷-甲醇（7：3）混合溶液20ml，

浸泡3小时，超声处理30分钟，放冷，滤过，滤液蒸干，残渣加三氯甲烷0.5ml

使溶解，作为供试品溶液。另取麦冬对照药材2g，同法制成对照药材溶液。照

薄层色谱法（通则0502）试验，吸取上述两种溶液各6ml，分别点于同一硅胶

GF254薄层板上，以甲苯-甲醇-冰醋酸（80∶5∶0.1）为展开剂，展开，取出，

晾干，置紫外光灯（254nm）下检视。供试品色谱中，在与对照药材色谱相应

的位置上，显相同颜色的斑点。

4. 检查

（1）水分　不得过18.0%（通则0832第二法）。

（2）总灰分　不得过5.0%（通则2302）。

（3）浸出物　照水溶性浸出物测定法（通则2201）项下的冷浸法测定，不

得少于60.0%。

（4）含量测定

①对照品溶液的制备：取鲁斯可皂苷元对照品适量，精密称定，加甲醇制

成每1ml含50μg的溶液，即得。

②标准曲线的制备：精密量取对照品溶液0.5ml、1ml、2ml、3 ml、4ml、

5ml、6ml，分别置具塞试管中，于水浴中挥干溶剂，精密加入高氯酸10ml，摇

匀，置热水中保温15分钟，取出，冰水冷却，以相应的试剂为空白，照紫外-

可见分光光度法（通则0401），在397nm波长处测定吸光度，以吸光度为纵坐

标，浓度为横坐标，绘制标准曲线。

（5）测定法 取本品细粉约3g，精密称定，置具塞锥形瓶中，精密加入甲醇50ml，称定重量，加热回流2小时，放冷，再称定重量，用甲醇补足减失的重量，摇匀，滤过，精密量取续滤液25ml，回收溶剂至干，残渣加水10ml使溶解，用水饱和正丁醇振摇提取5次，每次10ml，合并正丁醇液，用氨试液洗涤2次，每次5ml，弃去氨液，正丁醇液蒸干。残渣用80%甲醇溶解，转移至50ml量瓶中，加80%甲醇至刻度，摇匀。精密量取供试品溶液2～5ml，置10ml具塞试管中，照标准曲线的制备项下的方法，自"于水浴中挥干溶剂"起，依法测定吸光度，从标准曲线上读出供试品溶液中鲁斯可皂苷元的重量，计算，即得。

（6）含量指标 本品按干燥品计算，含麦冬总皂苷以鲁斯可皂苷元（$C_{27}H_{42}O_4$）计，不得少于0.12%。

5. 性味与归经

甘、微苦，微寒。归心、肺、胃经。

6. 功能与主治

养阴生津，润肺清心。用于肺燥干咳，阴虚痨嗽，喉痹咽痛，津伤口渴，心烦失眠，肠燥便秘。

7. 用法与用量

6～12g。

8. 贮藏、有效期

置阴凉干燥处，防潮。

三、质量评价

1. 指纹图谱法

中药材的薄层色谱鉴别法是最常用的定性分析方法，专属性强、重现性好。以高效液相、气相色谱分析和以紫外、红外、质谱和核磁共振等光谱分析为主体的中药指纹图谱，目前已成为鉴定道地药材及其内在质量的重要手段。姚令文等对川麦冬，杭麦冬和湖北麦冬的甲醇提取物用法分析，结果表明川麦冬和杭麦冬的图谱较为相似，而湖北麦冬与川麦冬、杭麦冬之间有比较大的差别。姚令文等采用麦冬药材中麦冬皂苷D的HPLC-ELSD含量测定方法，测定了20批商品药材，并对方法进行了验证，麦冬皂苷D的含量范围为0.0046%～0.0107%。本方法简便、准确、可靠，可为麦冬药材质量标准的修订提供参考。谭小燕等对不同产地麦冬以H-NMR技术测定样品的全成分信息，并转化成数据矩阵，采用模式识别法中的主成分分析，偏最小二乘法判别分析以及聚类分析进行识别分析，结果表明氢核磁共振模式识别法能有效地鉴别不同产地的麦冬样本。林以宁等采用HPLC-ELSD、ESI/TOF-MS方法建立正丁醇部位指纹图谱，以HPLC-UV法建立乙醚部位指纹图谱。结果表明在对皂苷部

位的检测分析中，HPLC-ELSD、ESI/TOF-MS两种方法分别从不同角度反映

了样品的内在信息，川麦冬、杭麦冬的HPLC-ELSD的指纹图谱虽存在共有峰，

但谱图整体存在一定的差异，ESI/TOF-MS显示两者在MSL m/z上重叠性较高，

在皂苷化学成分"质"上具有较高相似性。HPLC-UV指纹分析表明两者在成

分相对集中的谱图区域具有较高相似性。陈勇等采用C_{18}固相萃取小柱预处理样

品，然后电喷雾质谱负离子全扫描法检测，结果从麦冬对照药材甲醇提取物负

离子全扫描质谱图中，选择4强峰建立麦冬对照药材皂苷成分的特征图谱，而

且该分析方法有较好的重现性。白晶等采用高效液相色谱法，Kromasil C_{18}柱，

乙腈-0.01磷酸水溶液梯度流动相，结果标示出30个共有峰，方法可靠简便。

2. 薄层扫描法

徐江滔等用薄层色谱法测定了全国大产区商品麦冬的皂苷、皂苷元含量。

皂苷展开剂为乙酸乙酯-甲醇-水，显色剂为硫酸，扫描方式为锯齿形扫描。结

果表明，不同产地麦冬的皂苷及皂苷元成分基本一致，但含量有一定的差异。

3. 紫外分光光度法

周跃华等在对大孔吸附树脂纯化麦冬总皂苷的工艺研究中，采用紫外分

光光度法对麦冬总皂苷进行了含量测定。李惠霞等选用橙皮苷作为麦冬总黄

酮含量测定的对照品，对麦冬不同工艺提取物的总黄酮含量进行了测定。唐

丽琴等采用蒽酮-硫酸比色法测定麦冬多糖的含量，方法简单、可行。何佳奇

等采用苯酚-硫酸法测定麦冬多糖的含量最大吸收波长为485nm，多糖含量在0.101～1.012mg/L范围内与吸光度有良好的线性关系。

4. GC-MS法

张小燕等采用气质联用技术对中药麦冬的三氯甲烷部位进行化学成分分析，通过质谱棒图分析及NIST98谱库检索，确定了气质联用分析条件，从麦冬块根的三氯甲烷部位测得32个脂溶性成分。该方法解析了麦冬低极性部位的化学成分，为全面反映麦冬的化学成分提供依据。

5. 因子分析法

孙红祥等用因子分析法从6个麦冬样品的14个成分含量指标中提炼出二个综合指标，这两个指标均有实际的质量评价意义，反映了麦冬不同药理作用信息。根据各样品因子得分，质量评价结果显示：萧山产麦冬质量最佳，慈溪产麦冬和绵阳产麦冬质量较接近于萧山产麦冬，而代用品种山麦冬与萧山产麦冬质量相差较大，这与传统质量评价结果相吻合。

6. ESI-MS法

陈勇等用ESI离子源，扫描范围为550～1100m/z，离子源喷射电压为4.5kV，毛细管电压-45V，温度200℃，氮气（N_2）流速为40个单位，选用甲醇为提取溶剂，可提取出药材中的皂苷、多糖等成分。根据麦冬对照药材甲醇提取物SPE-ESI-MS负离子全扫描质谱图，计算特征峰离子强度的平均值（5个平行提取样）为纵坐标，以特征峰所对应的物质的质荷比为横坐标作柱形图，绘制麦冬对照药材皂苷成分ESI–MS特征图谱，本实验方法简单，重现性好，所建立的麦冬对照药材皂苷成分的特征图谱能反映麦冬对照药材的特征，可用于鉴别麦冬药材。

7. 化学发光法

林以宁、余伯阳等采用鲁米诺–铁氰化钾化学发光体系，测定了麦冬总酚性成分的化学发光分析法，以芦丁为对照品计算样品中总酚的含量，该法为快速反应体系，启动反应后5秒时化学发光强度达到峰值。该法简便、迅速、灵敏度高，可作为中药总酚性成分的含量测定方法。

第6章

麦冬现代研究与应用

一、化学成分

现代化学研究发现，麦冬中主要含有的化学成分为：甾体皂苷类、高异黄酮类、多糖、氨基酸、挥发油、微量元素及其他类化学成分。

1. 皂苷类

大量的研究表明，甾体皂苷类化合物为麦冬类植物的主要成分，其基本化学结构是螺甾烷醇型（spirostanol）和呋甾烷醇型（furostanol）两类。在已分离出的甾体皂苷中，大多数为螺甾烷型甾体皂苷，呋甾烷型甾体皂苷相对较少。杨志等人研究确定了diosgenin3-O-[α-L-吡喃鼠李糖（1→2）][（3-O-乙酰基）-p-D-吡喃木糖（1→3）]-p-D-吡喃葡萄糖苷等成分；Watanabe Y等研究确定了麦冬中含有麦冬皂苷A、B、C、D等鲁斯可皂苷元，以及麦冬皂苷B′、C′、D′等薯蓣皂苷元。

2. 黄酮类

高异黄酮类化合物是黄酮化合物中特殊的一类，母体结构比异黄酮类化合物多1个碳原子，目前从麦冬及其变种中分离出的黄酮多为高异黄酮类。目前已经从麦冬中分离出的高异黄酮类有很多种：其中Ⅰ型高异黄酮有ophiopogononeA、B、C，methylophiopogononeA、B，6-aldehydo-isoophiopogononeA、B等；Ⅱ型高异黄酮有ophiopogonanoneA， methyloophiopogonanoeA、B，6-aldehydo -isoophiopogonanoneA等；Ⅲ型高异黄酮有2，5，7-trihydroxy-6，8-dimethyl-3-（4′-metho-xybenzyl）chroman-4-one等；Ⅳ型高异黄酮有5，7-dihydroxy-6-methyl-3-（4′-hydorxybenzyl）chromna-4-one等；Ⅴ型高异黄酮有JE-I，Ⅵ型高异黄酮有5，7-dihydorxy-3-（4′-2′，6′-dihydroxy benzyl）chroman-4-one等。

3. 挥发油类

田晓红等采用水蒸气蒸馏法分别对麦冬花和麦冬叶的挥发油进行提取，并用GC-MS联用技术对其挥发油成分进行鉴别分析，分别得出二者挥发油中成分的差别以及不同成分所占比例，从而为开发麦冬地上部分综合利用提供一定理论基础；张存兰等通过挥发油提取器对麦冬挥发油进行提取，确定出37种主要的化学成分以及含量，得出其挥发油以醇、烷、烯等成分为主。

4. 多糖类

麦冬中含有大量的多糖类成分，在麦冬块根中含量很高，据文献报道成熟麦冬多糖含量多15%在以上；麦冬多糖由单糖和低聚糖类化合物组成，包括葡萄糖、果糖、蔗糖和多量的低聚糖类。并且据文献报道，主要由果糖和葡萄糖构成；而果糖（酮糖）的测定，因其性质不如醛糖活泼且难以衍生化而成为麦冬多糖单糖组成分析的难点。近年来，张娅芳等通过季铵盐沉淀法分麦冬多糖的主要组分，麦冬多糖纯化的常规方法有分级沉淀法、季铵盐沉淀法、离子交

换色谱法、凝胶柱色谱、盐析法等。黄妮等经离子交换柱首次分离出1种中性糖（NP）和3种酸性糖（AP）；韩凤梅等通过DEAE-纤维素柱分离得出山麦冬粗多糖中含精制山麦冬多糖54.0%，其余的46.0%可能为低聚糖和单糖等的结论；徐兢博等采用高温水提取低温乙醇沉淀的方法得到麦冬粗多糖，使用葡聚糖凝胶柱Sephadex G-100对已提取的麦冬粗多糖进行分离纯化，将纯化的多糖进行水解，采用薄层层析法和高效液相色谱法对上述全水解产物进行比列分析，得出麦冬中多糖的糖单元基本组成是果糖和葡萄糖，其摩尔比为12∶1。

5. 其他成分

麦冬中还含有天门冬氨酸、苏氨酸、丝氨酸、谷氨酸、甘氨酸、丙氨酸、甲硫氨酸、异亮氨酸、亮氨酸、酪氨酸、苯丙氨酸、赖氨酸、脯氨酸等17种氨基酸，其中7种为人体必需的氨基酸。

二、药理作用

麦冬，作为传统的中药，古时其药理功效在《神农本草经》和《本草汇言》中就有详细的记载，为清心润肺之药，主治心腹结气，心气不足、健忘恍惚、惊悸怔忡等症。现代药理学研究表明，麦冬具有抗心肌缺血、抗血栓、免疫调节、抗炎、抗肿瘤、降血糖、对脑缺血缺氧的保护、抗衰老等多种药理活性。

1. 抗心肌缺血

麦冬的提取物具有显著的抗心肌缺血作用，且具有一定量的量效关系。麦冬粗多糖和总皂苷均可在一定程度上增加小鼠的心肌营养血流量，麦冬总皂苷表现尤其显著，麦冬氨基酸也表现出一定的作用。通过以异丙肾上腺素诱导造成大鼠心肌的坏死程度作为评价的指标，筛选麦冬多糖不同分子量组分的活性，结果显示麦冬活性多糖具有拮抗由垂体后叶素所引起的S–T段抬高的作用，同时能够降低动物血清中的CK及LDH含量的升高，并且对由于心肌缺血所造成的SOD的降低和NIDA的增加均有一定的抑制作用，说明麦冬中的活性多糖可以保护心肌，同时能够抑制心肌缺血所造成的自由基生成的增加以及清除氧自由基。

2. 抗血栓作用

有研究表明，麦冬的乙醇提取物（12.5mg/kg和25mg/kg）可抑制小鼠由下腔静脉结扎而引起的血栓形成，能够防止血管内皮细胞的缺氧损伤，减轻血管炎症，并抑制由肿瘤坏死因子所诱导的白血病细胞株HL–60与静脉内皮细胞株ECV304的黏附。该研究还表明，麦冬水提物（12.5mg/kg和25mg/kg）可显著的缩短由角叉菜胶所引起的小鼠尾部的血栓长度，麦冬水提物（12.5mg/kg）及鲁斯可皂苷元（0.7mg/kg）能够显著的抑制由腺苷二磷酸所引起的血小板凝聚，麦冬皂苷D（0.5～2.0mg/kg）和鲁斯可皂苷元（0.25～1.0mg/kg）可抑制由

下腔静脉结扎所引的血栓形。蒋凤荣等研究表明，麦冬的正丁醇提取物具有对人脐静脉血管内皮细胞的凋亡的保护作用，作用机制可能是与促进Bcl-2的表达以及降低NF-κB的表达相关。

3. 免疫调剂作用

麦冬多糖可以促进体液免疫和细胞免疫功能。麦冬多糖显著增加小鼠胸腺和脾脏的重量，增强小鼠网状内皮系统的吞噬能力，提高血清中溶血素含量，显示麦冬多糖具有良好的免疫增强和刺激作用。另外，麦冬多糖对分别以^{60}Co-γ射线全身照射和注射环磷酰胺造成小鼠免疫损伤有一定的恢复作用，能显著增加免疫低下小鼠的胸腺和脾脏重量，还能升高注射环磷酰胺小鼠的外周血白细胞数。麦冬通过免疫促进作用对荷瘤小鼠具有一定的抑瘤谱及抑瘤强度，其作用机制与麦冬能够提高NK细胞的活性有关。注射参麦注射液可显著提高小鼠烧伤后的存活率，烧伤早期腹腔注射参麦注射液，可以改善小鼠的肌体功能，对治疗烧伤起到很好的效果。有专家对麦冬的5个硫酸杂多糖（OJP-I，OJP-2，OJP-3，OJP-4和OJP-IS）进行了免疫活性的研究，5个多糖表现出显著的巨噬细胞激活作用，能够促进吞噬能力、能量代谢率以及NO和白细胞介素的产生，激活能力OJP-1s>OJP-4>OJP-3>OJP-2>OJP-1，结果表明麦冬多糖的免疫调节作用与其结构特点（包括分子量、硫酸盐、己糖醛酸的含量和单糖组成）相关。

4. 抗炎作用

有研究表明，麦冬水提物、鲁斯可皂苷元和麦冬皂苷D均可抑制由佛波酯（PMA）所诱导的HL-60细胞株与ECV304细胞株的黏附，且具有剂量相关性，然而对PMA所诱导的ECV304细胞中的COX-2（环氧化酶2）的mRNA表达并无明显的抑制作用，此外，鲁斯可皂苷元和麦冬皂苷D对ZymosanA（酵母多糖）所诱导的腹膜腔白细胞的迁移具有显著的抑制作用。有专家对麦冬中的14个高异黄酮类化合物的抗炎活性进行了研究，结果显示麦冬高异黄酮类化合物ophiopogonanone H、5，7，4′-trihydroxy3′-methoxy6，8-dimethylhomoisoflavanone、methylophiopogonanone B、methylophiopogonone A、ophiopo-gonanone E和5，7，2′-trihydroxy4-methoxy6，8-dimethylhomoisoflavanone对由脂多糖诱导的小鼠小胶质细胞株BV-2的NO具有抑制作用，表明麦冬高异黄酮类化合物具有较好的抗炎活性。

5. 抗肿瘤作用

目前已有研究显示麦冬多糖具有一定抗肿瘤作用。有研究表明，麦冬中的高异黄酮类化合物methylophiopogonone A和methylophiopogonanone B对人宫颈癌细胞Hela S_3具有显著的细胞毒性作用。还有研究发现methylophiopogonanone B对黑素小体的转运以及树突收缩具有抑制作用。Ito和Kanamaru研究发现methylophiopogonanone B能够激活Rho信号的转导途径，并引起肌动蛋白细胞

骨架的重建，该发现提示methylophiopogonanone B有望开发成为新的抗癌药物。张小平等用水对麦冬进行提取，将麦冬的水提物分别进行3次化学修饰，使其分别具有羧甲基、磷酸基团、硫酸基团3种基团的特征吸收峰，然后对这3种经过化学修饰后的麦冬多糖分别进行MTT法抗肿瘤效果分析，结果表明它们的抗肿瘤效果均有较为明显的提高，其中以羧甲基化修饰的麦冬多糖具有最强的癌细胞的抑制能力。

6. 降血糖作用

麦冬具有降低血糖的作用。黄琦等对47例2型糖尿病病人进行空腹胰岛素含量（FINS）、喂服麦冬多糖胶囊前后空腹血糖含量（FBG）以及餐后2小时血糖含量（PBG）监测，治疗手段为喂服麦冬多糖胶囊，结果显示FBG和PBG均明显降低，FINS明显增加，由此可证明麦冬多糖对于2型糖尿病具有良好的临床作用。陈莉等对通过由3T3-L1细胞进行体外诱导分化而形成的脂肪细胞进行麦冬多糖各剂量的给予，然后用ELISA法和RT-PCR法对脂肪细胞产生胰岛素的敏感性进行测定，结果证明麦冬多糖对于胰岛素的敏感性的增加有较好的促进作用。王丹蕊等通过观测由链脲素导致的糖尿病大鼠的血液学指标，得到进行了麦冬多糖喂服的患糖尿病大鼠的血糖、血清三酰甘油等指标均有显著下降的结果，以此证明麦冬多糖对降低血糖有积极的促进作用。陈卫辉等观察到麦冬多糖对患糖尿病小鼠以及正常小鼠的血糖均有影响，其中对于患糖尿病小鼠的血糖有明显的抑制作用，而正常小鼠的血糖在进行麦冬多糖灌胃后也有显著的降低，通过试验推测其机制与减弱胰岛素 β 细胞的受损程度、抑制小鼠体内糖原的分解、减缓小鼠小肠对葡萄糖的吸收以及对肾上腺素升高血糖的拮抗作用有关。

7. 对脑缺血缺氧的保护作用

麦冬中鲁斯可皂苷元明显改善小鼠脑缺血损伤，在3～27mg/kg时可显著延长小鼠断头后呼吸维持时间，9mg/kg时保护作用持续8小时。鲁斯可皂苷元可减轻缺血再灌注导致的脑水肿氧化损伤和能量代谢障碍，明显降低反复缺血再灌注模型小鼠脑含水量，减少脑组织MDA含量，增加SOD活性。短暂性脑缺血会引发一系列炎症反应，而早期研究表明鲁斯可皂苷元可以通过下调LAM-I和NF-κB活性发挥抗炎作用，所以关滕等针对这一现象发现鲁斯可皂苷元在2.5～10mg/kg时可以减少脑缺血再灌注模型小鼠的脑梗死面积，降低脑含水量改善神经损伤。显著抑制NE-κB信号通路中p50蛋白的表达、磷酸化及迁移甚至于NF-KBDNA的结合主基因的表达诱导型氧化氮合酶、环加氧酶、肿瘤坏死因子和白介素也被抑制。

8. 抗衰老作用

衰老自由基学说提出衰老主要诱因为脂质过氧化物与自由基导致机体出现一系列氧化损伤。动物试验表明大剂量D-半乳糖会诱发脂肪、糖及蛋白代谢

异常，进而增加机体脂质过氧化物含量，降低红细胞免疫功能，导致衰老。麦冬水煎剂可将D-半乳糖模型大鼠红细胞SOD 活性提升，将血清MDA 含量降低，促使机体抗氧化能力提升；且自由基会损伤生物膜，该物质还可对此予以拮抗，且将肿瘤红细胞与衰老大鼠红细胞C3b 受体花环率提升，增强机体免疫力，将衰老延缓。

9. 抗过敏作用

汤军等通过观察得到麦冬多糖对小鼠咳嗽和支气管收缩有明显的抑制效果，同时通过试验证明了麦冬多糖对于在乙酰胆碱和组胺混合液共同作用下刺激所引起的小鼠耳异种被动皮肤过敏会产生明显的拮抗作用。户田静男研究证明了小鼠肥大细胞脱颗粒及组胺的释放能在麦冬多糖的作用下起到显著的抑制作用和致敏豚鼠哮喘的发生能在麦冬多糖的作用下得到明显的缓解。

10. 其他作用

Ishibashi等通过大鼠体内的实验研究表明，麦冬皂苷D具有镇咳作用。莫正纪等通过小鼠的游泳实验研究表明麦冬氨基酸以及麦冬多糖都具有抗疲劳作用。陶站华等研究表明，麦冬能够通过降低机体自由基反应而发挥抗衰老的作用。曹西华和侯家玉研究表明，麦冬多糖对乙醇和吲哚美辛所引起的胃黏膜损伤有较为明显的保护作用。沈永顺报道麦冬多糖对萎缩性胃炎具有治疗作用，其治疗作用与抑制炎性反应、改善胃黏膜血液循环以及促进组织细胞增生相关。陈道亮和万隆报道麦冬加钙通道阻滞剂能够防止由异丙肾上腺素长期用药引起的副作用。

干燥综合征是一种慢性的自身免疫性疾病，以泪液和唾液分泌的减少为特征，研究表明Th1/Th2比例的失衡在发病过程中起关键作用。研究表明，麦冬多糖对自体过敏性的小鼠模型 Th1/Th2比例的失衡具有调节作用，提示麦冬多糖能够一定程度的改善干燥综合征。

麦冬中的鲁斯可皂苷元对ICR小鼠口服后，再用脂多糖再对小鼠进行肺诱导，最后得出鲁斯可皂苷元能降低脂多糖诱导的肺损伤；同时有研究表明麦冬多糖对乙酰胆碱、组胺混合液引起的豚鼠支气管收缩有极显著的抑制作用，对小鼠被动皮肤过敏反应有一定的抑制作用，麦冬多糖还具有抗过敏和哮喘等功效。

麦冬自古以来为药食两用物品，其治疗和保健作用已被我国两千多年的临床实践所证实。目前已经对麦冬植物药理活性进行了广泛深入地研究，获得了许多有重要价值的药学与医学方面的资料，随着药用植物及生物手段的结合，对麦冬的研究也会越来越深入，同时，随着新技术和新手段的出现，我们相信麦冬在不久的将来将会更彻底的研究发展，其价值会更全面的展示。

三、应用

1. 麦冬应用历史概况

麦冬入药历史悠久，在《尔雅》中就有记载，《神农本草经》列为上品，谓"主心腹结气，伤中伤饱，胃络脉绝，羸瘦短气"。《名医别录》谓其主"虚劳客热，口干燥渴，止呕吐，愈痿蹶，强阴益精，消谷调中，保神，定肺气，安五脏，令人肥健"。实际上，已明确了麦冬作为养阴补益药的多种功效。唐《药性论》增入"止烦渴，主大小面目肢节浮肿，下水。治肺痿吐脓，主泄精"。《日华子本草》言其能"治五劳七伤，安魂定魄，时疾狂热，头痛，止嗽"。宋代《本草衍义》谓其"治心肺虚热"。金元医家张元素在其所著《用药心法》及《医学启源》中又谓其"补心气不足及治血妄行"，"治经枯乳汁不下"。至此，麦冬的养阴益胃，润肺补心，除烦安神，止呕，止渴，止嗽，止血，下乳等诸多功效，已逐渐被人们所认识和利用。明清以来的本草，对麦冬主治功用的记载基本没有更多增补。

《本草拾遗》曰："治寒热体劳，下痰饮。"

《本草衍义》曰："治心肺虚热。"

《珍珠囊》曰："治肺中伏火，生脉保神。"

《南京民间药草》记载："治妇女湿淋。"

《福建民间草药》记载："能清心益肝，利尿解热，治小便淋闭，小儿肝热。"

《安徽药材》记载："治咽喉肿痛。"

《本草汇言》记载："麦门冬，清心润肺之药也。主心气不足，惊悸怔忡，健忘恍惚，精神失守；或肺热肺燥，咳声连发，肺痿叶焦，短气虚喘，火伏肺中，咯血咳血；或虚劳客热，津液干少；或脾胃燥涸，虚秘便难；此皆心肺肾脾元虚火郁之证也。然而味甘气平，能益肺金，味苦性寒，能降心火，体润质补，能养肾髓，专治劳损虚热之功居多。如前古主心腹结气，伤中伤饱，胃络脉绝，羸瘦短气等疾，则属劳损明矣。"

《药品化义》记载："麦冬，润肺，清肺，盖肺苦气上逆，润之清之，肺气得保，若咳嗽连声，若客热虚劳，若烦渴，若足痿，皆属肺热，无不悉愈。同生地，令心肺清则气顺，结气自释，治虚人元气不运，胸腹虚气痞满，及女人经水枯，乳不下，皆宜用之。同黄芩，扶金制木，治鼓胀浮肿。同山栀，清金利水，治支满黄疸。又同小荷钱，清养胆腑，以佐少阳生气。入固本丸，以滋阴血，使心火下降，肾水上升，心肾相交之义。"

《本草新编》记载："麦门冬，泻肺中之伏火，清胃中之热邪，补心气之劳伤，止血家之呕吐，益精强阴，解烦止渴，美颜色，悦肌肤，退虚热，解肺燥，定咳嗽，真可持之为君而又可借之为臣使也。但世人未知麦冬之妙用，往

往少用之而不能成功为可惜也。不知麦冬必须多用，力量始大，盖火伏于肺中，烁干内液，不用麦冬之多，则火不能制矣；热炽于胃中，熬尽其阴，不用麦冬之多，则火不能息矣。更有膀胱之火，上逆于心胸，小便点滴不能出，人以为小便火闭，由于膀胱之热也，用通水之药不效，用降火之剂不效，此又何用乎？盖膀胱之气，必得上焦清肃之令行，而火乃下降，而水乃下通。夫上焦清肃之令禀于肺也，肺气热，则肺清肃之令不行，而膀胱火闭，水亦闭矣。故欲通膀胱者，必须清肺金之气，清肺之药甚多，皆有损无益，终不若麦冬清中有补，能泻膀胱之火，而又不损膀胱之气，然而少用之，亦不能成功，盖麦冬气味平寒，必多用之而始有济也。"

《本经疏证》记载："麦门冬，其味甘中带苦，又合从胃至心之妙，是以胃得之而能输精上行，肺得之而能敷布四脏，洒陈五腑，结气自尔消溶，脉络自尔联续，饮食得为肌肤，谷神旺而气随之充也。香岩叶氏曰，知饥不能食，胃阴伤也。太阴湿土，得阳始运，阳明燥土，得阴乃安，所制益胃阴方，遂与仲景甘药调之之义合。《伤寒论》《金匮要略》用麦门冬者五方，惟薯蓣丸药味多，无以见其功外，于炙甘草汤，可以见其阳中阴虚，脉道泣涩；于竹叶石膏汤，可以见其胃火尚盛，谷神未旺；于麦门冬汤，可以见其气因火逆；于温经汤，可以见其因下焦之实，成上焦之虚。虽然，下焦实证，非见手掌烦热，唇口干燥，不可用也；上气因于风，因于痰，不因于火，咽喉利者，不可用也；

虚赢气少，不气逆欲吐，反下利者，不可用也；脉非结代，微而欲绝者，不可用也。盖麦门冬之功，在提曳胃家阴津，润泽心肺，以通脉道，以下逆气，以除烦热，若非上焦之证，则与之断不相宜。"

《本草正义》记载："麦冬，其味大甘，膏脂浓郁，故专补胃阴，滋津液，本是甘药补益之上品。凡胃火偏盛，阴液渐枯，及热病伤阴，病后虚赢，津液未复，或炎暑燥津，短气倦怠，秋燥逼人，肺胃液耗等证，麦冬寒润，补阴解渴，皆为必用之药。但偏于阴寒，则惟热炽液枯者，最为恰当，而脾胃虚寒，清阳不振者，亦非阴柔之品所能助其发育生长。况复膏泽厚腻，苟脾运不旺，反以碍其转输而有余，而湿阻痰凝，寒饮停滞者，固无论矣。《本经》《别录》主治，多就养胃一层立论，必当识得此旨，方能洞达此中利弊。不然者，拘执伤饱支满，身重目黄等说，一概乱投，自谓此亦古人精义所在，岂不益增其困？《别录》又以麦冬主痿蹶者，正是《内经》治痿独取阳明之意。胃主肌肉，而阳明之经，又自足而上，阳明经热，则经脉弛缓而不收，胃液干枯，则络脉失润而不利，补胃之津，而养阳明之液，是为治痿起废之本。但亦有湿流关节，而足废不用者，则宜先理其湿，又与滋润一法，遥遥相对，不知辨别，其误尤大。《别录》又谓其定肺气，而后人遂以麦冬为补肺主药，盖以肺家有火，则滋胃之阴以生肺金，亦是正法，参麦散一方，固为养胃保肺无上妙品。然肺为贮痰之器，干燥者少，湿浊者多，设使痰气未清，而即投黏腻，其害已

不可胜言，而麦冬又滋腻队中之上将，或更以沙参、玉竹、二母等柔润甘寒之物辅之，则盘踞不行，辟为窟宅，而清肃之肺金，遂为痰饮之渊薮矣。麦冬本为补益胃津之专品，乃今人多以为补肺之药，虽曰补土生金，无甚悖谬，究其之所以专主者，固在胃而不在肺，寇宗奭谓治肺热，亦就肺家有火者言之，柔润滋液，以疗肺热叶焦，亦无不可，《日华子本草》谓主肺痿，固亦以肺火炽盛者言之也。然又继之曰吐脓，则系肺痈矣。究之肺痿、肺痈，一虚一实，虚者干痿，实者痰火。麦冬润而且腻，可以治火燥之痿，不可治痰塞之痈，且肺痈为痰浊与气火交结，咯吐臭秽，或多脓血，宜清宜降，万无投以滋腻之理。即使如法清理，火息痰清，咳吐大减，肺气已呈虚弱之象，犹必以清润为治，误与腻补，痰咳即盛，余焰复张，又临证以来之历历可据者。而肺痿为肺热叶焦之病，若但言理法，自必以补肺为先务。然气虚必咳，咳必迫火上升，而胃中水谷之液，即因而亦化为痰浊。故肺虽痿矣，亦必痰咳频仍，咯吐不已，惟所吐者，多涎沫而非秽浊之脓痰，是亦止宜清养肺气，渐理其烁金之火。使但知为虚而即与黏腻滋补，则虚者未必得其补益，而痰火即得所凭依，又致愈咳愈盛，必至碎金不鸣，而不复可救，此沙参、玉竹、麦冬、知母等味，固不独脓痰肺痈所大忌，即虚痰之肺痿，亦必有不可误与者。《日华子本草》又谓麦冬治五劳七伤，盖亦《本经》主伤中之意，养胃滋阴，生津益血，夫孰非调和五脏之正治。然以为服食之品，调养于未病之先则可，若曰劳伤已成，而以阴柔之药治之，又非阳生阴长之旨。且劳损之病，虽曰内热，然亦是阴虚而阳无所附，补脾之气，助其健运，尚能击其中坚，而首尾皆应。徒事滋润养阴，则阴寒用事，而脾阳必败，不食、泄泻等证，必不可操券以俟，越人所谓过中不治之病，又皆阴柔之药以酿成之矣。"

2. 传统中药学应用

麦冬味甘、微苦，性微寒。归心、肺、胃经。养阴生津，润肺清心。用于治疗肺燥干咳、虚痨咳嗽、津伤口渴、心烦失眠、肠燥便秘等症。

（1）肺阴虚证

①燥伤肺阴证：麦冬味甘入肺，能养阴润肺。《本草新编》亦称其"定咳嗽"。用于燥伤肺阴所致咽干口燥，干咳无痰，苔燥乏津之证，常与沙参、玉竹、天花粉等养阴润肺之品同用，如《温病条辨》沙参麦冬汤。若温燥伤肺，燥热较重，身热咳喘，咽干鼻燥，以之与桑叶、石膏、枇杷叶、阿胶等同用，如《医门法律》清燥救肺汤。若燥邪化火，又常与天冬、知母、黄芩等同用。

②阴虚肺热证：麦冬甘而微苦微寒，既养肺阴又清肺热，《珍珠囊》谓其"治肺中伏火"，《本草衍义》言"治心肺虚热"，本品常用于治疗肺痨、肺痿、肺痈、白喉等证属肺阴虚兼肺热者。如《张氏医通》二冬膏，以之与天门冬同用，治阴虚劳嗽，甚则咯血之证；亦可与生地、百合、贝母、知母等同用，发挥其养阴清热、润肺止咳之功，如《张氏医通》二冬二母膏，《赵戴庵方》百

合固金汤。治肺痈咳唾涎沫，吐脓如粥，可以之与桔梗、甘草同用，即《圣济总录》麦门冬汤。治阴虚蕴热，复感疫毒之白喉病，常以之与生地、玄参、黄芩等配伍，如《重楼玉钥》之养阴清肺汤、《中医方剂学》之抗白喉合剂。

（2）胃阴虚证 《本草正义》云："麦冬，其味大甘，膏脂浓郁，故专补胃阴，滋津液，本是甘药补益之品。"麦冬甘而微苦微寒，长于养阴益胃清热，为治疗胃阴不足诸证之佳品。

①温病燥热伤阴证：燥之邪易伤阴液，麦冬养阴益胃，兼能清热润燥，滋腻性小，常用于燥热伤阴所致舌干口渴之证，常与沙参、玉竹、生地等养阴生津之品配伍，如《温病条辨》养胃汤、玉竹麦冬汤，亦可与苇根汁、梨汁、藕汁等配伍，如《温病条辨》五汁饮。

②胃阴虚消渴证：麦冬既能养阴清热，又能生津止渴，《本草正义》言麦冬"补阴解渴，为必用之药"，常用于内热伤阴耗津消渴，症见口燥、多饮、多食等，单用力弱，多入复方。可以之与黄连、冬瓜干配伍，如《卫生宝鉴》麦门冬汤，治消渴，日夜饮水不止者；亦可以之与乌梅同用，治消渴喉干不可忍，饮水不可止者，即《圣济总录》麦门冬汤；前述之五汁饮、益胃汤、玉竹麦冬汤，亦是治疗消渴证之常用方药。现代临床用药，亦将麦门冬作为治疗消渴（糖尿病）的主要药物之一，且常以之与天花粉、生地、玉竹、石斛、黄芪等配伍，组成治消渴诸方，如《中国奇方全书》所载治疗糖尿病55首方剂中，

用麦冬者有15方。此外，对于暑热所致口渴多饮之证，麦冬亦为常用之品，如《杂病源流犀烛》麦冬汤，治中暑燥渴之证，以之与石膏、知母、人参等品配伍。现代多以之与薄荷、荷叶、菊花等清凉消暑之品配伍，治疗暑热口渴之证，如《全国中成药产品大全》麦冬消暑汁、麦菊冲剂。

③胃阴虚呕逆证：胃阴虚，气逆火升，常致呕逆兼烦热之证，麦冬养阴清热，微苦而降逆止呕，故可治疗此证。如《金匮要略》麦门冬汤，重用麦门冬，并以之与半夏、甘草、粳米同用，治疗胃阴虚证见气逆呕吐，口渴咽干之证。亦可与生地黄汁、生姜、陈皮等配伍，治虚热，呕逆不下食，食则烦闷之证，如《外台秘要》地黄饮子。现代临床用药，常以之与半夏、陈皮、茯苓同用，治疗慢性胃溃疡、慢性胃炎、胃黏膜脱垂等病。

④肠燥便秘证：胃阴不足或燥热伤阴，致肠燥津亏之便秘证，可用麦冬滋阴清热、润肠通便。如《温病条辨》增液汤，以麦冬配伍玄参、生地，以增强二味药物养阴清热润肠之功，用治温病津亏便秘口渴之证。又如《温病条辨》麦冬麻仁汤，以之与麻仁、白芍、何首乌等配伍，治疟伤胃阴便秘之证。

此外，本品亦可用于小儿疳积的治疗。《婴童百问》谓"诸疳皆脾胃之病，内乏津液而作也。"麦冬功擅养阴益胃，并能"安五脏，令人肥健"，故可治此证。

（3）心神不安证　《名医别录》言麦冬能"去心热"，《本草汇言》谓"麦

门冬，清心润肺之药，主心气不足，惊悸怔忡，健忘恍惚，精神失守。"《日华子本草》谓其能"安魂定魄"；麦冬入心经，功能养心安神，清心除烦，故可用于多种原因所致的心神不安之证，尤长于治疗虚烦失眠之证。若因心阴血不足所致心悸失眠、健忘等证，以之与生地、玄参、当归等配伍，如《摄生秘剖》天王补心丹；对于心气不足者，可用鲜麦冬捣汁，和白蜜煎之，温酒化服，如《本草纲目》麦门冬煎，功能补中益心，安神益气；于气血两虚者，可以之与炙甘草、人参、阿胶等益气养血之品配伍，如《伤寒论》炙甘草汤，用于治气血两虚，虚羸少气，虚烦不眠之证；于外感热病，热邪扰心所致心烦不眠之证，可以之与玄参、竹叶等同用，如《温病条辨》清营汤、清官汤；亦可以之与竹叶、石膏等同用，如《伤寒论》竹叶石膏汤，治热病后虚烦失眠之证。现代临床发现与茯苓、酸枣仁、五味子等安神之品配伍，治疗各种失眠证及神经衰弱病症效果较好，皆取其养心安神，清心除烦之效。

（4）心肺气阴两伤证　麦冬甘寒柔润，滋阴润肺，且能益心肺之气，正如前人所谓"强阴益精""定肺气""补心气"。常用于心肺气阴两伤，症见神疲体倦，口渴多汗以及呛咳少痰，短气自汗，口干咽燥，脉虚弱者，常以之与人参、五味子配伍，如《内外伤辨惑论》生脉散，人参大补元气，生津止渴为君，麦冬养阴生津，益心肺之气为臣，五味子敛肺止汗为佐使，三药共用，益气养阴生津，标本同治。亦可以之与炙甘草、粳米、大枣、竹叶同用，如《千金要方》治"劳复，气欲绝方"之麦门冬汤。

（5）咽喉不利　麦冬入肺胃二经，而咽喉为肺胃之门户，麦冬养阴清热，兼能利咽喉，用治咽喉不利诸证，有标本同治之功。上述《金匮要略》麦门冬汤，重用麦门冬，用之治火逆上气，咽喉不利者。又如《普济方》麦门冬丸，以之与黄连为丸服，并以麦门冬汤送下，治虚热上攻，脾肺有热，咽喉生疮。

（6）出血证　《医学启源》谓麦冬"治血妄行"，本品滋阴清热，兼有一定的止血作用，故尤长于治疗阴虚有热之出血证。历代曾以之用于治疗吐血、衄血、尿血、崩漏下血等各种出血证。治阴虚血热之吐血、衄血，常以之与生地黄汁、生藕汁等养阴清热止血之品同用，如《太平圣惠方》之麦门冬饮子、生麦门冬煎，《济生方》麦门冬饮。又如《本草纲目》引《活人心镜》方，治"吐血、衄血"诸方不效者，用麦冬捣汁同蜜服；引《保命集》治"衄血不止"方，以之与生地黄水煎服；引《兰室秘藏》方，治"齿缝出血，煎汤漱之"。《医宗金鉴》生地麦冬饮以麦冬、生地各5g，水煎服，主治上焦血热，目窍时流鲜血，尺脉虚数者。可以看出，麦冬治疗出血证，可单用，亦常与清热滋阴凉血之生地同用。现代临床治疗各种热性出血证也常以之与滋阴清热药同用。

（7）水肿及淋证　《药性论》言麦冬能"主大水面目肢节浮肿，下水"，麦冬养阴清热，兼有一定的利水之功，可用于水肿、淋证属阴虚内热者，若治阴虚水肿，可以本品与米同用，用水煮米熟饮之，即《千金要方》治"水肿鼓

胀，小便不利"证之麦门冬饮。若治心热气壅，溺涩或淋，面目四肢浮肿之证，可以之与木通、滑石、冬葵子同用，如《证治准绳》麦门冬散。现代临床用药，取其养阴清热利尿之功，用之治疗慢性肾功能不全。如《中国奇方大全》治慢性肾功能不全方，用麦冬30g为主药，配伍天花粉、人参、五味子、石菖蒲等组方，治疗慢性肾功能不全。另外，一些地区民间用药，将其视为治淋证的常用药物之一，如《南京民间草药》谓其"治妇女湿淋"，《福建民间草药》谓其"利尿解热，治小便淋闭"。

此外，古代临床，还将麦冬用于产后缺乳的治疗。若治乳汁不下，可以之与通草、石钟乳等同用，为末服，如《千金要方》"治缺乳方"之麦门冬散。

3. 综合开发利用

（1）中成药及复方中药制剂　麦冬是润肺止咳的良药，中医处方用量较大。2015年版《中国药典》收载的含麦冬的复方制剂有90多个，以麦冬为原料生产的中成药达500种，如生脉胶囊、玄麦甘桔颗粒、柏子养心丸、十二温经丸、养阴清肺合剂、养阴清肺颗粒等，这些制剂服用方便，广受患者青睐。

①玄麦甘桔颗粒：本品是由玄参、麦冬、甘草、桔梗等组成。具有清热滋阴，祛痰利咽的功效。用于阴虚火旺，虚火上浮，口鼻干燥，咽喉肿痛。

②生脉胶囊：本品是由红参、麦冬、五味子组成。具有益气养阴，活血健

脑的功效。对于气阴两虚、瘀阻脑络引起的胸痹心痛，中风后遗症，冠心病心绞痛，缺血性心脑血管疾病，高脂血症等症状有良好的治疗功效。

③柏子养心丸：本品是由柏子仁、党参、炙黄芪、川芎、当归、茯苓、麦冬、酸枣仁、五味子（蒸）、朱砂等13味组成。具有补气、养血、安神的功效。用于心气虚寒，心悸不宁，失眠多梦，健忘。

④复方百部止咳糖浆：本品由百部、苦杏仁、桑白皮、麦冬等组成。具有清肺止咳的功能。用于治疗肺热咳嗽、痰黄黏稠、百日咳等症。

⑤止嗽化痰颗粒：本品由麦冬、知母、前胡、陈皮、大黄（制）、甘草（炙）、川贝母、石膏、苦杏仁、紫苏叶、葶苈子、半夏（姜制）、罂粟壳等药味经加工制成的颗粒。用于久嗽、痰喘气逆、喘息不眠。

⑥清肺宁嗽丸：本品由麦冬、黄芩、桔梗、苦杏仁等组成。具有清肺、止咳、化痰的功效。用于治疗肺热咳嗽、痰多黏稠。

（2）食疗价值

①二冬膏：天冬、麦冬各等量。加水煎取浓汁，入约等量的炼蜜共煎沸。每次吃1匙（《张氏医通》）。本方以二冬养阴润肺，清热降火。用于阴虚肺热或肺痨咳嗽，咽干口渴，发热或潮热。

②麦冬粟米粥：麦冬15g，鲜竹叶10g，粟米100g。麦冬、竹叶煎水取汁，粟米加水煮至半熟时加入前汁，再煮至粥熟［《外台秘要》麦门冬饮（去原方

鸡蛋白）〕。本方以麦冬养阴清心，竹叶清心除烦，粟米养胃、除烦热。用于心热烦闷，口渴，舌红少津。

③麦冬粥：麦门冬30g，粳米100g，冰糖适量，将麦门冬切碎入锅，加入清水适量，先浸渍2小时，再煎煮40分钟，滤取药汁。将粳米洗净，放入锅内，加清水适量，先用武火煮沸，再用文火煎熬15分钟，加入麦门冬煎汁和少量冰糖，搅拌均匀，继续煎煮20分钟左右，以米熟为度，早晚餐食用。功用滋阴润肺，清心养胃。适用于肺阴亏虚所致的咳嗽、痰少、咯血和胃阴亏虚所致的食少反胃、咽干口燥、大便燥结等。

④麦冬茶：麦冬12g，党参、北沙参、玉竹、天花粉各9g，乌梅、知母、甘草各6g。将以上八味洗净，干燥，研成粗末，放入搪瓷大杯中，用沸水冲泡，加盖温浸30分钟。每日1剂，当茶饮用。功用滋阴生津，养胃润肠。适用于胃阴不足所致的胃脘隐痛、饥不欲食、食后饱胀、口燥咽干、形体消瘦、大便秘积等。

⑤麦冬莲子汤：麦门冬20g，莲子肉15g，茯神10g。将以上三味略洗，放在砂锅内，加入清水适量，煎煮40分钟左右，取汁，药渣加水再煎35分钟左右，取汁合并2次汁液，分早晚2次温服。功用滋阴清热，宁心安神。适用于心阴亏虚所致的心悸、烦躁、失眠、多梦等。

⑥麦冬膏：麦门冬、天门冬各300g，党参100g，生地黄400g，山茱萸、枸

杞子各200g，炼蜜1500g。将以上六味洗净，切碎，放入锅内。加清水适量，浸渍12小时，煎煮3～5小时，滤取药汁，药渣加水再煎，反复3次。最后合并药汁，用文火煎熬，浓缩至膏状，以不渗纸为度，兑入炼蜜，一边搅拌均匀，一边文火稍沸．每次服用10g，1日3次，白开水冲服。功用补益气阴，滋养肝肾，适用于肝肾不足，元气亏损所致的小便频数、量多浑浊、脚酸膝软、口干舌燥、神疲乏力、气短自汗等。

⑦麦冬甘草粥：大米100g，甘草2g，麦冬5g。甘草、麦冬洗净，放入纱袋中，封口，加水煎汁，然后倒入大米煮粥，每天一剂。功效化痰行水，清热解烦，润肺清心。

⑧降血糖、治疗糖尿病：麦冬、乌梅、天花粉各15g。煎水取汁。每天两次。一次150ml。

⑨治疗肠燥便秘：麦冬、生地、玄参各15g。水煎服，每日1剂。有润肠通便的作用，用于大便干燥。

⑩治疗冠心病心绞痛：麦冬45g，加水煎成30～40ml，分次服用，连服3～18个月。对缓解心绞痛、胸闷均有一定作用。

⑪治疗慢性胃炎：麦冬、黄芪各9g，党参、玉竹、黄精各10g。水煎服，每日1剂。对胃阴不足者有良效。

⑫治疗糖尿病：芦根30g，麦冬15g，知母12g。先用小火煎煮30分钟，滤

出煎液，药渣再加水500ml，大火煮开后改为小火煎煮20分钟，去渣取汁，将两次煎出的药汁混合，每日1剂。用于糖尿病患者口渴咽干、多饮、心烦不宁，或见低热，舌红，脉细数。

⑬治疗急、慢性支气管炎：麦冬、天冬、知母、川贝母、百部各9g，沙参12g。水煎服，每日1剂。本方适用于急、慢性支气管炎表现为阴虚燥咳者。

⑭治疗慢性肝炎、早期肝硬化：鸡蛋1个，枸杞子、花生米、瘦猪肉各30g，麦冬10g，盐、湿淀粉、味精各适量。首先将花生米煎熟，枸杞子洗净，入沸水中略余一下。麦冬洗净，入沸水中煮熟，切成碎末，瘦猪肉切丁，鸡蛋打在碗内，加盐少许打匀，把蛋倒进另一碗中隔水蒸熟，冷却后将蛋切成粒状。锅置旺火上，放花生油，把肉丁炒熟，再倒进蛋粒、枸杞子、麦冬碎末，炒匀，放盐少许及湿淀粉勾芡，铺上花生米即成。每日2次，佐餐食。具有滋补肝肾的作用，适用于慢性肝炎、早期肝硬化等的辅助治疗。健康人食用能增强体质，防病延年。

⑮治疗暑天汗出虚脱：麦冬、人参各10g，五味子6g，水煎服，每日2剂。对汗出虚脱，心慌心悸，血压过低，汗多口渴，体倦乏力有良效（此方为金代名医李东垣所创，方名叫"生脉散"，已制成生脉口服液）。

⑯麦冬乌梅茶：麦冬30g，乌梅20g，煮水代茶饮。具有益胃养阴、生津止渴的作用，适用于糖尿病口渴多饮、饮水而不解渴、烦躁乏力等症。

⑰长春益寿丹：麦冬、天冬、大熟地、山药、牛膝、大生地、杜仲、山茱萸、茯苓、人参、木香、柏子仁、五味子、巴戟天各60g，炒川椒、泽泻、远志、石菖蒲各90g，菟丝子、肉苁蓉各120g。诸药烘干研末，制成水蜜丸，如梧桐子大。每服30丸，每天清晨空腹以淡盐温开水送下。具有补肝肾、强腰膝、养精血、益心志的功效，主治神衰力弱、腰酸体倦、头晕目眩等症。

（3）临床应用

①治疗心绞痛：有报道32例冠心病心绞痛患者用生脉注射液60ml于5%葡萄糖或0.9%氯化钠250ml静滴，每日1次，连续14天。结果症状总有效率78%，心电图总有效率66%，对劳累型心绞痛疗效显著。

②治疗心律失常、心功能不全：有报道20例病态窦房结综合征（SSS）患者，应用参麦注射液80～100ml加入5%葡萄糖250ml中静滴，每日1次，15天为1个疗程，治疗2个疗程。治疗后效果明显。

③治疗糖尿病：有报道选择47例2型糖尿病患者，口服麦冬多糖胶囊，每日4次，疗程1个月。治疗后，患者空腹血糖和餐后2小时血糖较治疗前有明显下降，能使周围组织对胰岛素抵抗降低。

④治疗萎缩性胃炎：有报道32例经胃镜检查确诊为萎缩性胃炎的患者，病程1年以下18例，1年以上14例，以沙参麦冬方治疗2～6个月。结果痊愈6例，显效18例，好转8例，总有效率100%。

⑤治疗久咳不愈：有报道142例的患者，随机分为2组（治疗组106例，对照组36例），两组年龄、性别、病程、病情等无显著差别，均不同程度地接受过中西药的治疗。治疗组给予麦冬补肺汤，每日1剂，对照组服氨苄青霉素胶囊0.5g，盐酸溴己新片16mg，每日2次，儿童酌减。疗程7天，1～2疗程后复查。结果表明麦冬补肺汤治疗多种原因引起的久咳不愈效果较好。

参考文献

[1]《中国植物志》编辑委员会. 中国植物志 [M]. 北京：科学出版社，1980.

[2] 万德光，彭成，赵军宁. 四川道地中药材志 [M]. 成都：四川科学技术出版社，2005.

[3] 张兴国，程方叙，曹原湘，等. 麦冬无公害生产技术规程研究 [J]. 安徽农业科学，2010，38
（2）：728-730.

[4] 郭星，张兴国，廖政，等. 川麦冬块根发育性状、产量与皂苷的相关性研究 [J]. 湖北农业
科学，2010，49（4）：908-910.

[5] 匙峰，程方叙，张兴国，等. 直立型川麦冬生物学性状与块根产量相关性研究 [J]. 安徽农
业科学，2010，38（3）：1240-1241.

[6] 石开玉. 麦冬文献考证 [J]. 辽宁中医药大学学报，2017，19（10）：77-80.

[7] 周二付. 中药材麦冬的药理作用研究 [J]. 中医临床研究，2017，9（9）：125-126.

[8] 吴发明，杨海燕，杨瑞山，等. 四川麦冬质量评价研究 [J]. 中药材，2016，39（8）：1803-
1808.

[9] 林秋霞. 植物生长调节剂对川麦冬质量的影响研究 [D]. 成都：成都中医药大学，2014.

[10] 金虹，王化东，何礼，等. 川产麦冬及其须根组织学与麦冬皂苷量的对比研究 [J]. 中草药，
2014，45（7）：1002-1005.

[11] 刘奕训. 川麦冬中甾体皂苷类成分的研究 [D]. 衡阳：南华大学，2013.

[12] 陈亚萍，王书林，王砚，等. 川麦冬规范化种植技术标准操作规程（SOP）[J]. 亚太传统医
药，2012，8（9）：60-62.

[13] 于学康. 麦冬的药理作用研究进展 [J]. 天津药学，2012，24（4）：69-70.

[14] 焦连魁. 麦冬块根发育的初步研究 [D]. 北京：北京协和医学院，2012.

[15] 曹原湘. 川麦冬良种特性及质量标准的初步研究 [D]. 成都：西南交通大学，2010.

[16] 刘江. 四川盆地麦冬种质资源的综合评价研究 [D]. 雅安：四川农业大学，2010.

[17] 江洪波. 中药涪麦冬的化学成分研究 [D]. 成都：四川大学，2006.

[18] 余伯阳，徐国钧. 中药麦冬的资源利用研究 [J]. 中草药，1995（4）：205-210.

[19] 赵训传，许文东，陈建钢. 麦冬块根形成过程的研究 [J]. 中药材，1994（3）：3-6.

[20] 余伯阳，徐国钧，金蓉鸾，等. 麦冬类中药的药源调查和商品鉴定 [J]. 中国药科大学学报，
1991（3）：150-153.